SoC 设计原理与实战

——轻松设计机器人

刘建军　编著

清華大學出版社
北 京

内 容 简 介

SoC 作为软硬件一体化集成程度最高的 IT 技术表达方式，是保护设计者知识产权的最完美介质。随着 SoC 设计技术的普及和芯片制造成本的不断降低，SoC 成为每一个 IT 公司的标配。SoC 设计其实不是一件神秘的事情，有明确的方法可以遵循。本书详细介绍了 SoC 全流程技术，从概念到需求分析，即从总体设计到模块分割，从详细设计到仿真验证，从生产到封测，从硬件集成到系统集成，从验收测试到第二轮迭代的完整过程。

本书不仅适合初次接触芯片设计的人员，也适合对于芯片或机器人设计有一定了解的开发设计人员及架构师。

图书在版编目（CIP）数据

SOC 设计原理与实战：轻松设计机器人 / 刘建军编著．—北京：清华大学出版社，2021.1
ISBN 978-7-302-56317-4

Ⅰ．①S⋯　Ⅱ．①刘⋯　Ⅲ．①集成电路—芯片—设计　Ⅳ．①TN402

中国版本图书馆 CIP 数据核字（2020）第 155981 号

责任编辑： 贾小红
封面设计： 秦　丽
版式设计： 文森时代
责任校对： 马军令
责任印制： 丛怀宇

出版发行： 清华大学出版社
　　　　　网　　　址：http://www.tup.com.cn，http://www.wqbook.com
　　　　　地　　　址：北京清华大学学研大厦 A 座　　　　邮　　编：100084
　　　　　社 总 机：010-62770175　　　　　　　　　　邮　　购：010-62786544
　　　　　投稿与读者服务：010-62776969，c-service@tup.tsinghua.edu.cn
　　　　　质量反馈：010-62772015，zhiliang@tup.tsinghua.edu.cn
印 装 者： 三河市少明印务有限公司
经　　销： 全国新华书店
开　　本： 185mm×230mm　　　　印　　张：17　　　　字　　数：341 千字
版　　次： 2021 年 1 月第 1 版　　　　　印　　次：2021 年 1 月第 1 版印刷
定　　价： 68.00 元

产品编号：080159-01

前　言

　　我从事 SoC（片上系统）设计很多年，是行业内很多标杆事件的亲历者。目前，市面上的很多芯片都和我有着千丝万缕的关系。中国芯片行业刚兴起时，我在一家美资芯片公司负责整体系统分析和设计，领导着几百人的团队。十余年过去了，当年设计的芯片今天还在市场上继续销售，销量数以亿计。当年我们培养的研发人员，如今开枝散叶，成为各大芯片设计公司的绝对主力。

　　目前我从事的还是 ICT 领域，芯片设计仅仅是其中的一个部分。虽然已经不再从事芯片设计具体工作，但每次和老朋友们聊天，他们都建议我把以前的成功经验写出来，传播给更多的人，也不枉积累了这么多年的技术和知识，同时也算是对社会尽一点点贡献。

　　从整体上来看 SoC 设计行业，我认为它是一个类似于"梨园"的行业。这里面有很多详细的流程、不同的设计工具，是一个以经验为发展基础的行业。之所以划分那么多流程，设计那么多工具，都是因为之前有过惨痛的失败和教训，于是痛定思痛，总结出来这些工具或流程，以确保此类错误不再重犯。实质上，类似于对过去的设计生产流程打了一个"补丁"。SoC 设计行业就是由无数个"补丁"组成的，所以不具有主观设计的流程简洁性和过程精美感。我当年主持芯片设计时，就创造出了很多设计、验证工具，也添加到了公司的流程中。

　　SoC 设计于国至关重要，故此它需要大量从业人员。而这么一个"补丁"式的行业，人才培养起来还真不是一件太容易的事。对于新新人类，我倒是充满信心。只要你对 SoC 设计行业充满兴趣，会计算机编程，掌握 SoC 设计其实也不是一件多难的事。我一直坚持一个观点：只要是智力正常的人，都能够很好地掌握 ICT 行业的任何技术。这个行业不需要特殊才能，之前你没有机会进入这个行业，不是你的才能不够，而是没有人给你这个机会。

我在本书中，以一个案例解析的方式，把整个 SoC 设计行业涉及的环节、工具大致介绍了一遍，基本上勾勒出了整个行业需要掌握的所有技能。当然，作为个体，你负责的部分仅仅是其中的一个环节，不需要全部掌握。当你成长为公司高层，就需要掌握越来越多的环节，这样才能协调不同环节的工作。毕竟这是一个以经验为核心的行业，只有你的经验足够丰富，才会驾驭得越来越得心应手。

　　我也始终认为，对于新新人类而言，进入 SoC 设计行业是一件很简单的事情：用 3 个月看完这本书，你就有了基本概念，可以进入这个行业去承担一个实习项目了，然后在真实项目中一边实践，一边总结经验。在这个以经验为核心竞争力的行业，你需要的是真实的实习机会。经过一年或者几年的经验积累，你的工作成果终于可以被公司使用到产品中了，你可以在这个行业领工资了，你就成了可以为这个行业贡献力量的人。虽然大家还是被称为"码农"，不过"码农"何尝不是社会上的年轻人最阳光的、正义的、自信的称谓呢？反正我挺喜欢，你呢？

作　者

2020 年 10 月于北京

SoC 设计原理与实战——轻松设计机器人

目　　录

SoC 设计原理与实战——轻松设计机器人

SoC 设计原理与实战——轻松设计机器人

第 1 章
SoC 及 AI 芯片行业分析

1.1 背 景 分 析

芯片设计是国家之殇，AI 芯片设计是国家未来之殇。

说到芯片设计，不得不说这是国家之殇。

最近一段时间，华为海思成了国内主要媒体曝光的对象。而在华为掌门人任正非接受央视采访后，更是涌出了众多的"任正非语录体"。其实早在十几年前，华为就已经开始为这场战争做准备。记得华为组建第一批 4G 手机芯片设计团队是在 2007 年，而 11 年后，华为手机已经成功搭载了自主设计的麒麟芯片。这是作者在华为海思的真实经历，对于华为人而言，这些就是日常工作，如此平凡平静，如同每天喝水吃饭一样。

"我们害怕华为站起来后，举起世界的旗帜反垄断。"多年前，时任微软总裁史蒂夫·鲍尔默、思科 CEO 约翰·钱伯斯在和华为创始人任正非聊天时都不无担忧。

华为显然不会这么做，闷声发财不好吗？

但这只是硬币的 A 面，硬币的 B 面是，落后就要挨打，而中国企业在硬件（芯片）和软件层面（操作系统）都受制于美国。

早在华为诺亚方舟实验室成立 8 年前，任正非便已经布下一颗棋子。"我给你每年 4 亿美金的研发费用，给你 2 万人。一定要站立起来，适当减少对美国的依赖。"

仓促受命的华为工程师何庭波当时一听就吓坏了，但公司已经做出了极限生存的假设，预计有一天，所有美国的先进芯片和技术将不可获得，那时华为要如何才能活下去？于是有了华为海思。

为了这个以为永远不会发生的假设，"数千海思儿女，走上了科技史上最为悲壮的长征，为公司的生存打造'备胎'。数千个日夜中，我们星夜兼程，艰苦前行。当我们逐步走出迷茫，看到希望，又难免生出一丝丝失落和不甘，担心许多芯片永远不会被启用，成为一直压在保密柜里面的备胎。"何庭波回忆。在看到这段话时，作者是激动的、热泪盈眶的。那些平淡而忙碌的日日夜夜，都是值得的，就像任总说的"华为人都傻傻的"。

中兴事件和此次美国制裁华为给我们敲响了警钟，也将芯片产业推至风口浪尖。命运的年轮带来了滔天巨浪，我们能做的，只是继续正视过去的长期落后和悲壮的前行之路，正视 5G 和 AI 时代下的新机遇和新挑战，警钟长鸣，知耻而后勇。

在 AI 时代下，人工智能的发展需要多种技术同时进步，并且满足一定的条件。而中国本身在芯片上的薄弱直接蔓延到了 AI 芯片上。中国的芯片始终难以获得突破，尽管每次国产芯片的新闻总能吸引各方大量的关注，但是显然，国产芯片仍然处于十分尴尬的境地。国内芯片创业公司的境遇也并不那么乐观，数量与规模比起美国实在是相差甚远。在 GPU 领域，中国甚至还没有创业公司，大部分项目只能围绕 FPGA、ASIC 等进行边缘研发，类脑芯片在国内有异军突起之势，假以时日，或许能有所突破，但目前总体形势仍然十分严峻。

据中国海关统计数据，2019 年中国集成电路进口数量为 4443 亿个，同比增长 6.5%；进口金额 3040 亿美元，同比下降 2.2%。而同期，中国原油进口总量合计 50572 万吨，进口金额仅为 1662.66 亿美元，中国在半导体芯片进口上的花费已经接近原油的两倍。

另据贝恩咨询公司（Bain & Co）的数据显示，中国每年消费的半导体价值超过一千亿美元，占全球出货总量的近 1/3，但中国半导体产值仅占全球的 6%～7%。许多进口芯片被装配于个人计算机、智能手机以及其他设备，随后出口至海外，但中国芯片商生产的半导体数量与中国本身消费的半导体数量之间，仍存在巨大缺口。

"十三五"规划期间，中央政府在 IC 企业资格认定与支持领域方面较"十二五"规划期间都出现不同程度的限缩，取而代之的是通过半导体产业投资基金（以下简称大基金）直接入股的方式，对国内半导体企业给予财政支持或协助购并国际大厂。

被称为国家队的"大基金"国家集成电路产业投资基金股份有限公司（CICIIF），一期注册资本是 987.2 亿元，2014—2018 年，其撬动地方和社会资金共计 5145 亿元，主要投资于集成电路行业及相关配套环节。截至 2018 年年底，其一期在各领域投资的规模和占比情况大概为：IC 设计 205.9 亿元，占比为 19.7%；集成电路制造 500.14 亿元，占比为 47.8%；封测业 115.52 亿元，占比为 11%；半导体材料 14.15 亿元，占比为 1.4%；半导体设备 12.98 亿元，占比为 1.2%；产业生态建设 198.58 亿元，占比为 19%，主要领域均完成布局。2019 年 10 月 22 日，国家集成电路产业投资基金二期股份有限公司注册成立，注册资本为 2041.5 亿元。市场人士分析认为，如果按照 1∶5 的撬动比，"大基金"二期的资金总额将超过万亿元，我国集成电路产业将迎来新的密集投资期，产业实现跨越式发展。

1.2　AI 芯片产业分析

1.2.1　AI 芯片研发现状分析

根据腾讯研究院&IT 桔子联合发布的《2017 年中美人工智能创投现状与趋势研究报告》统计数据，国内智能机器人与无人机相关技术创业最为火爆，位居第一梯队；语义分析、语音识别、聊天机器人等自然语言系列的技术位列第二梯队；第三梯队则为人脸识别、视频/监控、自动驾驶、图像识别等计算机视觉系列的技术；另外，情感计算这种综合了心理学、语义、视觉、环境感知等多种技术的复杂应用技术也在慢慢成长中，这类企业正在尝试产业的探索与创新，前景广阔，但是目前处于热度排行末端。

据中国信息通信研究院 2019 年 4 月发布的《全球人工智能产业数据报告》，全球人工智能企业分布方面，截至 2019 年 3 月底，全球活跃人工智能企业达到 5386 家，其中美国 2169 家，中国 1189 家，英国 404 家，加拿大 303 家，印度 169 家。故整体来看，人工智能在北美洲、亚洲、欧洲发展更为迅猛，未来该地区也将是人工智能的主导地区。从独角兽企业看，美国独角兽企业数量最高，为 18 家，中国 17 家，英国 3 家，德国 1 家，日本 1 家，以色列 1 家。另外，对以下独角兽企业进行梳理后，人工智能各细分领域独角兽企业的数量也清晰起来。其中，以医疗健康独角兽数量为最高，5 家；其次为智能驾驶、面部识别技术，分别为 4 家；AI 芯片、网络安全则分别为 3 家。从融资角度看，2018 年第二季度以来全球领域投资热度逐渐下降，2019 年第一季度全球融资规模为 126 亿美元，环比下降 3.08%。其中，中国领域融资金额为 30 亿美元，同比下降 55.8%，在全球融资总额中占比为 23.5%，比 2018 年同期下降了 29%。

1.2.2 机器人端的研发现状

目前 AI 芯片的集成主要分为两种：一是基于传统冯·诺依曼架构的 FPGA（现场可编程门阵列）和 ASIC（专用集成电路）芯片，即常见的 SoC（System on Chip）；二是模仿人脑神经元结构设计的类脑芯片。其中，FPGA 和 ASIC 芯片不管是研发还是应用，都已经形成一定规模；而类脑芯片虽然还处于研发初期，但具备很大潜力，未来可能成为行业内的主流。这两条发展路线的主要区别在于，前者沿用冯·诺依曼架构，后者采用类脑架构。现在的台式电脑采用的都是冯·诺依曼架构，它的核心思路就是处理器和存储器要分开，所以才有了 CPU（中央处理器）和内存；而类脑架构，顾名思义，即模仿人脑神经元结构，因此 CPU、内存和通信部件都集成在一起。

业内目前比较成熟的 AI 芯片基本都是 SoC 架构的，具体如下。

1. 华为麒麟 970

（1）经过 10 年研发，麒麟 970 采用了行业高标准的 TSMC 10 nm 工艺，集成了 55 亿个晶体管，功耗降低了 20%，并实现了 1.2 Gbps 峰值下载速率。

（2）创新性集成 NPU 专用硬件处理单元，创新设计了 HiAI 移动计算架构，其 AI 性能密度大幅优于 CPU 和 GPU。相较于 4 个 Cortex-A73 核心，处理相同 AI 任务，新的异构计算架构拥有约 50 倍能效和 25 倍性能优势，图像识别速度基本可达到 2000 张/分钟。

（3）麒麟 970 高性能 8 核 CPU，对比上一代能效提高 20%。率先商用 Mali G72 12-Core GPU，与上一代相比，图形处理性能提升 20%，能效提升 50%，可以更长时间支持 3D 大型游戏的流畅运行。

2. 寒武纪 1A 处理器

业界普遍猜测，华为 NPU 正是顶尖 AI 芯片企业寒武纪科技 2019 年发布的寒武纪 1A 处理器（Cambricon-1A Processor）。根据寒武纪科技公开的宣传材料，这款处理器是国际上首个商用深度学习处理器产品，拟以 IP（知识产权）授权的方式进入下游厂商 SoC 芯片。如果上述猜测属实，华为背后的 AI 赋能者应该就是这家 AI 芯片领域的新晋独角兽——寒武纪。2017 年 4 月，媒体报道称，寒武纪研发了国际首个深度学习专用处理器芯片（NPU），当时其 IP 指令集已扩大范围授权集成到手机、安防、可穿戴设备等终端芯片中，2016 年就已拿到亿元订单。

3. 盘古处理器

地平线公司携手芯原公司，推出盘古处理器（1080 p/30 fps），也是地平线公司的第一代芯片，用于辅助驾驶。虽然是 1080 p/30 fps，但是采用地平线公司的处理器+算法，可以适应中国更加复杂、更有挑战性的交通状况。它能用超低功耗（大约 1~2 W）的处理能力处理非常复杂的场景，比如用同级别的英伟达处理器处理 30 个人脸的实时抓拍，盘古处理器可以做到 250 个人脸，而功耗只有英伟达处理器的十分之一。

1.2.3　云端的研发现状

目前云端的研发状况与机器人端类似，只是在图像识别领域获得了进展。目前的解决方案就是搭建 FPGA 云，用大量的并行计算解决图像识别、转换和分类问题。

2017 年 1 月 20 日，腾讯云推出国内首款高性能异构计算基础设施——FPGA 云服务，利用云服务的方式将只有大型公司才能长期支付使用的 FPGA 服务推广到了更多企业。企业可以通过 FPGA 云服务器进行 FPGA 硬件编程，可将性能提升至通用 CPU 服务器的 30 倍以上。同时，与高性能计算的代表 GPU 相比，FPGA 具有硬件可编程、低功耗、低延时的特性，代表了高性能计算的未来发展趋势。

而在人工智能（AI）火热的深度学习领域，企业同样可以将 FPGA 用于深度学习的检测阶段，与主要用于训练阶段的 GPU 互为补充。FPGA 还可应用于金融分析、图像视频处理和基因组学等需要高性能计算的领域。

腾讯的 QQ、微信业务，用户每天产生的图片数量都是数亿级别，常用的图片格式有 JPEG、WebP 等，WebP 图片格式比 JPEG 图片格式存储空间小 30%。为节省存储空间，降低传输流量，提升用户的图片下载体验，通常采用 WebP 格式进行存储及传输分发，而图片转码所带来的计算消耗需要上万台 CPU 机器支撑。因此，FPGA 开发落地的第一个切入点就是图片转码：将 JPEG 图片格式转成 WebP 图片格式。

在图片转码的实践中，FPGA 联合团队取得了 FPGA 处理延时，FPGA 处理性能是 CPU 机器的 6 倍，验证了 FPGA 能进行计算加速的能力，同时也增强了 FPGA 联合团队的自信心。

当前，全球 FPGA 市场规模持续攀升，亚太地区是 FPGA 的主要市场，未来产业发展可期。全球 FPGA 市场规模 2019 年约 69 亿美元，2025 年预计将达到 125 亿美元，未来市场增速稳中有升。亚太区占比达到 42%，是 FPGA 的主要市场，中国 FPGA 市场规模约 100 亿元人民币，未来随着中国 5G 部署及 AI 技术发展，国内 FPGA 规模有望进一步扩大。

1.3 机器人研发背景分析

从应用环境出发，机器人分为两大类，即工业机器人和特种机器人。所谓工业机器人就是面向工业领域的多关节机械手或多自由度机器人。特种机器人则是除工业机器人之外的、用于非制造业并服务于人类的各种机器人，包括服务机器人、水下机器人、娱乐机器人、军用机器人、农业机器人和机器人化机器等。在特种机器人中，有些分支发展很快，有独立成体系的趋势，如服务机器人、水下机器人、军用机器人、微操作机器人等。

1.3.1 工业机器人

工业机器人按用途可分为装配搬运机器人、搬运机器人、焊接装备作业机器人、喷涂作业机器人等。

1. 工业机器人的发展方向

智能化、集群化、网络化、协同化和最优化将成为下一代工业机器人理论与实现方法研究的核心。比如，双臂机器人在协作工作方面的要求。

2. 工业机器人的关键技术研究

（1）提升系统性能，增强运动控制能力。

新型柔性工业机器人，高速高精度的运动控制、柔顺控制和力控制等。

（2）提升操控性能，增强人机接口易用性。

离线编程、自动编程、示教学习和虚拟现实等。

（3）提升复杂作业性能，增强智能自主作业能力。

目标位姿识别、自主作业规划、协作作业、协调控制、作业优化和视觉伺服等。

（4）提升系统安全性，增强人机协作作业能力。

机器人安全结构设计、安全控制和人机协作控制等。

1.3.2 特殊环境下作业机器人

特殊环境下作业机器人按用途可分为无人潜器、无人机、无人地面车辆、排雷、射击、投弹、侦察、保安等。

具体包括以下几部分。

- ❑ 野外机器人系统：农业、林业、矿用、外太空。
- ❑ 医疗机器人系统：辅助诊断、辅助手术治疗、康复以及其他医疗机器人。
- ❑ 物流机器人系统：快递/邮件、工厂输送线、货物处理，以及其他物流系统。
- ❑ 检测维修机器人系统：公共设施、工厂、罐、管道、下水道，以及其他检测维护系统。
- ❑ 专业清洁机器人系统：核设施拆除拆解、施工支持维护、建造，以及其他拆除系统。
- ❑ 水下机器人系统：水下检测、取样、维修、勘测。

举例如下。

国防领域："火力侦察兵"、"捕食者"挂弹飞行、六轮 Crasher 机器人、深空深海"好奇号"火星探索机器人、太空作业机器人 R2、深海遥控机器人、UT1、水下滑翔器等。

医疗领域：da Vinci 机器人手术系统、血管介入手术机器人、脑外科手术机器人、下肢康复机器人、下肢康复训练机器人、上肢康复机器人、仿生机器人、BigDog、Petman、仿生机器鱼、仿生机器螃蟹。

特殊环境下作业机器人的发展趋势如下。

（1）对复杂作业环境的适应能力。

探索飞行、奔跑、跳跃、爬行、游动等不同运动模式，适应地形、流场、压力、温差、辐照、重力等复杂变化。

（2）对复杂环境的状态感知能力。

视觉、触觉、力觉、听觉、姿态、高维环境建模等环境状态的感知与估计。

（3）复杂动态环境中的自主控制能力。

实时规划及重规划、复杂任务分解、自主决策、容错控制、系统监控等职能决策与控制。

（4）异常交互情况下灵活的操控能力。

大时延、通信中断、丢包情况下遥控，基于虚拟现实和信息反馈的控制等方法。

（5）面向复杂任务的协同作业能力。

协作任务规划、协作作业控制与优化等方法。

1.3.3 面向大众的服务机器人

面向大众的服务机器人主要有家政服务机器人（如机器人管家、真空清洁机器人、割草机器人等）、娱乐机器人、个人交通机器人、家庭安全监控机器人、助老助残机器人等。

具体包括以下两类。

❑ 家政类：吸尘机器人、洗地机器人、擦玻璃机器人、泳池清洁机器人、炒菜机器人、家庭服务机器人。

❑ 陪伴类：陪伴机器人、宠物机器狗、宠物机器海豹、仿人机器人、远程教育服务机器人、远程医疗服务机器人。

服务机器人关键技术如下。

❑ 软机器人、网络实时通信：基于网络服务器的服务。

❑ 各种服务机器人、信息咨询服务软机器人：基于网络的机器人平台、基于网络的仿人机器人。

❑ 嵌入式、模块化、标准化技术。

❑ 环境理解、自主导航。

❑ 高速高精度图像识别。

❑ 自然语言识别。

❑ 智能机器人传感器。

面向大众的服务机器人发展趋势如下。

❑ 结构定制化——3D 打印等快速成型技术使机器人结构呈现个性化、定制化。

❑ 本体简单化——本地控制简单可靠、低程度自主；传感器简化优化；通信增强。

❑ 通信多样化——有线、Wi-Fi、蓝牙、红外、NFC、RFID、ZigBee 等多种方式。

❑ 交互人性化——遥控杆、语音、手势、表情、姿体动作等多种交互方式。

❑ 环境智能化——智能空间、各类环境感知和环境控制设备与机器人实时交互。

❑ 计算云端化——环境建模、定位、环境识别、语音识别、图像识别、决策等复杂计算将转移至云计算服务器实现。

第  章
警用机器人需求定义

2.1 为什么是警用机器人

机器人的组装越来越简单，但机器人失控和出现故障的事件却越来越多。机器人坏损已经让人很懊恼，但如果你的智能机器人不仅仅是坏损，而是失控，并对你的人身安全产生了威胁，那后果就更不堪设想了。

2.1.1 机器人组装将会日益简单

在未来几年，机器人的组装将会变得非常简单。机器人的组装将会以"搭积木"的方式出现，大家都可以自己动手（DIY）。未来，会出现很多机器人标准组件生产公司，通过加载标准云端服务，即可通过"云端大脑+散件组装"形成机器人。

表 2-1 所示是可能出现的 DIY 机器人组件生产公司。

表 2-1 可能出现的 DIY 机器人组件生产公司列表

子 系 统	DIY 组件	生 产 公 司
运动系统	无人机	DJI
	滚轮底盘	暂无信息

子 系 统	DIY 组件	生 产 公 司
云端 API	图像识别 API	NTT Data、Google
	语音识别 API	NTT Data、Google
	其他 API	IBM：watson/True North；Microsoft：Adam/Cortana；Amazon：Amazon Machine Learning；Google：Google Brain；百度：百度大脑；科大讯飞：讯飞超脑；阿里云：人工智能平台 DTPAI
感官系统	摄像头	暂无信息
	触觉	暂无信息
通信系统	4G 模块	暂无信息
	Wi-Fi 模块	暂无信息
	NB-IoT 模块	暂无信息
通信网络	超级自主网	DVIN

目前比较著名的机器人相关公司如下。

❑ 新松机器人公司：上市公司，也是中国机器人产业联盟理事长单位。新松已经成为机器人产品线最全的企业，包括工业机器人、清洁机器人、特殊机器人、移动机器人、商务机器人、服务机器人，可以做工业 4.0 的解决方案。新松作为全球上市公司，市值已经是全球第三大，ABB、法纳克、新松是这几年成长最快的企业。

❑ 广州数控设备有限公司：除了做工业机器人产品外，还做机床控制器。

❑ 广州启帆工业机器人公司：也是最近几年发展比较快的。

❑ 南京埃斯顿自动化公司。

❑ 上海新时达机器人有限公司。

❑ 深圳大疆创新科技公司。

❑ 深圳优必选科技有限公司。

2.1.2 机器人的故障率将居高不下

由于 AI 的准确率不高，以及设计者的水平参差不齐，机器人的故障率将居高不下。

另外，与软件相同，有正常功能的软件，也会有病毒软件出现，而且病毒软件的出现是不可避免的。为了维护正常的生态，杀毒等安全软件就必须出现。

故此，不排除一些别有用心的设计者设计出具有恶意的机器人来，尤其是当他设计了很多内置防销毁机制后，警用机器人势必出现。

SoC 设计原理与实战——轻松设计机器人

2.1.3　机器人故障将造成严重危害

人工智能的发展已经让世界进入"机器人革命"的初级阶段。由人制造出来的机器人会不会伤害到人的问题，已经引起人们的关注。

例如，2016 年 11 月 18 日下午，一条"深圳高交会现机器人伤人事件"的消息在微博迅速发酵。记者查询到这一消息最早是由《看天下》发出来的。该微博称，在深圳举办的本届高交会上，一台名为"小胖"的机器人突然发生故障，在没有指令的前提下自行打砸展台玻璃，最终导致部分展台破坏，更为严重的是，该机器人还砸伤了路人。

事情发生后，"小胖"顿时成了网络红人。有网友调侃称，"'小胖'打响了机器人革命第一枪""机器人终于出手了""颤抖吧，人类"。但毫无疑问，这起意外事故更加重了人们对机器人的负面感知。

当天下午 3 点多，深圳微博发布厅发布消息称，这是一起意外事件，伤者已无大碍。据该微博披露，由于展商工作人员操作不当，导致用于辅助展示投影技术的一台机器人（又名"小胖"）撞向展台玻璃，玻璃倒地摔碎并划伤一名现场观众，致其脚踝被划破流血。

2.2　我们的定位

2.2.1　技术方案确定

对于警用机器人，我们有两种技术方案，分别是外骨骼方案和遥控机器人方案，如图 2-1 和图 2-2 所示。

图 2-1　外骨骼方案

图 2-2　遥控机器人方案

我们仔细对比了这两种方案的优缺点，具体如表 2-2 所示。

表 2-2　外骨骼方案与遥控机器人方案优缺点对比

项　　目	外骨骼方案	遥控机器人方案
能耗	耗能大，搬运警察需要更多的能量	耗能小，搬运机器人自身消耗的能量小
危险系数	由于警察亲入前线，警察危险系数大	由于警察遥控，警察危险系数小
实施效果	主要靠警察的灵敏和判断实施，但是警察自身的身体素质会是瓶颈，即灵活力优、身体素质差	主要依靠机器人的有限操作实施，但是机器人自身的吸附能力远非人类可比，即灵活力差、身体素质优
适应场景	过热、电磁等危险场景下不适用	更多适用场景

故此，对于失控的机器人，我们综合比较了两种方案之后，认为遥控机器人方案是一种更加合理的方案。

2.2.2　适应场景分析

未来几年，组装的机器人将走入家庭。其中有部分机器人出现故障，需要中止运行，但是机器人自带的中止机制已经失效，或者根本就没有自带的中止机制。

考虑到机器人的存量，以及处理的时效要求，我们建议每个派出所都部署一定数量的"警用机器人"，以确保快速响应。同时培训相应警种，用来控制"警用机器人"执行相关任务。图 2-3 所示就是"警用机器人"的非工作态外形——储物箱。采用储物箱作为非工作态外形，非常易于保存，且不占空间。

图 2-3　"警用机器人"的非工作态外形

2.2.3　功能需求定义

下面来看一下"警用机器人"V1.0 的设计规格。

1. 第一代金属机器人

采用分体式设计。

2. 遥控器

真人警察进行遥控（通过 DVIN 超级网线进行操作）。

3. "观察者"——飞行组件

- ❑ 飞行轨迹控制和绕开阻挡物。
- ❑ 控制姿态控制。
- ❑ 摄像头自动追踪：图像识别（最简单的颜色识别，即"实施者"具有标志色）。
- ❑ "摧毁者"释放和回收。
- ❑ 通信设计：DVIN 超级网线采用第三方 4G 模块，芯片内采用 USB 控制器；"摧毁者"通信采用"观察者"中继，芯片内自行设计。

4. "摧毁者"——执行组件

- ❑ 吸附控制，支持多种吸附头，如洗盘、毛刺。
- ❑ 爬行控制。
- ❑ 摧毁头控制。
- ❑ 支持多种摧毁头，支持钻毁、溶解（做成可选项，摧毁任务时临时确定）。
- ❑ 通信设计。

5. 伪装设计

- ❑ 不启动时就是一个箱子，便于存储和伪装，不引起普通人和机器人注意。
- ❑ 启动后变成无人机，可以飞行，抵达故障地。
- ❑ 释放出"摧毁者"，吸附在故障机器人身上，实现摧毁。

6. 性能

- ❑ 续航能力：支持连续 5 个小时的全负荷运行。
- ❑ 抗干扰：对抗电磁干扰、环境干扰和形态干扰等。

第 **3** 章

警用机器人的总体架构

本章主要讲述警用机器人的总体架构,首先讲述警用机器人的系统组成设计和运行流程设计,然后分别讲述"观察者"和"摧毁者"子系统的总体架构设计。

3.1 警用机器人的总体架构设计

3.1.1 系统组成设计

警用机器人的核心组成部分如图 3-1 所示。

图 3-1 警用机器人的核心组成部分

真人警察通过遥控器控制"观察者";"观察者"携带"摧毁机"抵达现场后,释放"摧毁者";"摧毁者"吸附在故障机器人身上实施摧毁;摧毁完毕,实现回收。

3.1.2 运行流程设计

警用机器人的运行流程包括达到、吸附、爬行、实施、回收 5 个环节,具体使用步骤如表 3-1 所示。

表 3-1 "警用机器人"使用步骤

步骤	真人警察	"观察者"	"摧毁者"
达到	警察安装合适的吸附头和摧毁头		
	警察用车运输设备达到现场附近		
	警察拿出遥控器,启动"警用机器人"		
		"警用机器人"伸出旋翼,开始飞行,抵达故障现场	
		飞行到指定地点上空	
吸附		放下悬挂缆绳,进行姿态运动调整	
		全过程远距离观察,具体包括: (1)摄像头自动追踪; (2)图像传输; (3)指令传输	张开触点,启动接触检测
	"发生接触"告警灯亮		
	警察发出"自动吸附"指令		
			启动全自动吸附功能,具体包括: (1)单点吸附成功; (2)重力作用下坠; (3)释放挂钩
			全部吸附成功
	"吸附成功"灯点亮	回收悬挂缆绳	

步 骤	真 人 警 察	"观察者"	"摧毁者"
爬行	警察依据远距离观察图像，发出"交叉爬行方向、速度"指令	全过程远距离观察	启动交叉爬行操作，移动到指定位置
实施	警察发出"摧毁"指令		"摧毁者"伸出"摧毁头"，实现摧毁
回收	警察发出"飞行返回"指令		
		自动飞回"遥控器"所在位置，实现自动落地，收回旋翼	
	警察抵达现场，发出"停止吸附"指令		
			"摧毁者"停止吸附，并开发自动折叠
	警察取下"摧毁者"，装箱返回警局		

3.2 "观察者"子系统总体架构设计

"观察者"子系统的总体架构主要包括飞行的技术选型、摄像机的技术选型，以及悬挂缆绳、机器折叠、无线通信和系统续航的技术选型。

3.2.1 飞行的技术选型

当前，装有传感器和摄像头的自动消费级机器人已经可以实现无人操纵飞行。要实现这点，对数据接收、芯片处理的速度和精度要求极高，处理器必须有非常高的效能才能完成密集的计算。这就吸引了如高通、英伟达这样的芯片制造商使出浑身解数，开发高效能芯片。

近期，高通推出了骁龙 690 芯片。在性能方面，该芯片基于 8 nm 工艺及 ARM A77 和 A55 架构打造，采用了两个大核加 6 个小核的架构设计。大核主频 2.0 GHz，小核主频 1.7 GHz。在 GPU 方面，采用高通 Kryo 560 自研 CPU，Adreno 619L，相比骁龙 675 使用的 Adreno 612 GPU，提升了 60% 的图像渲染能力。在配置方面，骁龙 690 芯片支持骁龙 X51 5G 调制解调器及射频系统，该解决方案让它可以支持全球不同 5G 频段。骁龙 690 芯片还支持 SA 和 NSA 组网模式、TDD 和 FDD 以及动态频谱共享（DSS），最大下行速率达到 2.5 Gbps。在像素方面，该芯片拥有支持每秒 10 亿像素级处理速度的 ISP，最高可支持 1.92 亿像素拍摄。在 AI 方面，骁龙 690 芯片支持第五代 Qualcomm AI Engine，集成 Hexagon 张量加速器。与此同时，它还拥有每秒 15 万亿次算力，强大的运算能力让手机拍照时切换不同焦段变得更加顺畅。另外，它还是 6 系列首款支持 4K HDR 拍摄的平台以及首款可以支持 120 Hz 显示的骁龙 6 系移动平台。

英伟达的 Jetson TX1 主板则有 256 个核心的 GPU 以及 4 GB LPDDR4 的内存，使芯片运算速度高达 1 TFLOP（每秒 1 万亿次浮点运算），CPU 采用嵌入 Tegra K1 的 ARM-A57 处理器，频率可达 2 GHz。TX1 主板耗电少于 10 W，这就意味着使用它的无人机在空中可停留更长时间。

这里，我们参考高通、英伟达的芯片规格定义我们的芯片规格。

旋翼型无人机通过调节电机转速实现对无人机姿态的控制，而速度控制、位置控制均通过核心姿态控制来实现。因此，电机的特性对于无人机控制系统的性能起着至关重要的作用。电机与旋翼的选择不仅影响六旋翼无人机的控制性能，也与续航时间息息相关。

内转子无刷直流电机的转速一般比较高，需要配合减速器使用，这样就使得机体的机械结构更加复杂，也增加了机体的成本。而外转子无刷直流电机具有相对较低的转速，可以直接配合旋翼而无须经过减速器，不仅降低了机械复杂度，也使得成本得到了降低。

考虑到整机的设计质量在 2 kg 左右，而无人机必须具有一定的推重比才能保证在大角度机动与高速运动时的性能控制。综合电机的负载能力、重量和效率等多方面因素，最终选用恒力 W42-20 KV880 外转子无刷直流电机。

根据该电机的电流-拉力曲线，如图 3-2 所示，可以看出在配合桨时，最大可以提供 1 kg 左右的拉力。因此，6 个电机可以提供约 6 kg 左右的总拉力，远大于机体的自身重量。而每个电机负载约为 400 g，从图 3-2（b）中得出工作电流约为 5 A，那么可以得到总的工作电流约为 30 A。这样为了达到 15 分钟的续航时间，就需要配备 11.1 V/7500 mAh 容量的锂电池。

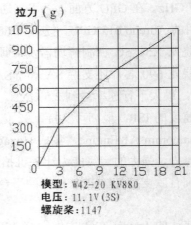

（a）恒力 W42-20 电机 　　　　　　　（b）拉力电流曲线

图 3-2　恒力 W42-20 电机及拉力电流曲线

3.2.2　悬挂缆绳的技术选型

对于悬挂缆绳，我们需要通过电机来进行收放"摧毁者"的动作。对于电机的选型，我们决定选用无刷电机。

无刷电机依靠改变输入到无刷电机定子线圈上的电流波交变频率和波形，在绕组线圈周围形成一个绕电机几何轴心旋转的磁场，这个磁场驱动转子上的永磁磁钢转动，电机就转起来了。电机的性能不但和磁钢数量、磁钢磁通强度、电机输入电压大小等因素有关，更与无刷电机的控制性能有很大关系。因为输入的是直流电，电流需要电子调速器将其变成三相交流电，还需要从遥控器接收机那里接收控制信号，控制电机的转速，以满足模型使用需要。总的来说，无刷电机的结构是比较简单的，真正决定其使用性能的还是无刷电子调速器，好的电子调速器需要有单片机控制程序设计、电路设计、复杂加工工艺等过程的总体控制，所以价格要比有刷电机高出很多。

无刷电机优点如下。

❑ 无电刷、低干扰。无刷电机去除了电刷，最直接的变化就是没有了有刷电机运转时产生的电火花，这样就极大减少了电火花对遥控无线电设备的干扰。

❑ 噪声低，运转顺畅。无刷电机没有了电刷，运转时摩擦力大大减小，运行顺畅，噪声会低许多，这个优点对于模型运行稳定性是一个巨大的支持。

❑ 寿命长，低维护成本。少了电刷，无刷电机的磨损主要是在轴承上了，从机械角度看，无刷电机几乎是一种免维护的电动机，必要时，只需做一些除尘维护即可。

3.2.3　折叠的技术选型

刚开始的时候，警用机器人是以折叠状态收纳在盒子里的。因此，警用机器人须具有折叠功能。

一般来说，智能机器人包括机构、结构本体、驱动传动、能源动力、感知等系统。机器人核心部件包括伺服电机、减速器及控制器、驱动器及传感器。谐波减速器一般用于轻型机器人或机器人腕部关节，由波发生器、柔轮和钢轮组成，具有减速比大、齿隙小、精度高，零部件少、安装方便及体积小、重量轻等优点。目前，国际上谐波减速器市场几乎被日本哈默纳科（Harmonic Drive，HD）公司垄断。国内谐波减速器研究起步较早，如北京谐波传动技术研究所早在 20 世纪六七十年代便开始了谐波减速器的研究。近年来，国产谐波减速器开始迅速发展，在国产机器人产品上得到越来越多的应用。

RV 减速器一般用于机器人的肩关节，用于传递较大的扭矩。目前，该领域的国际市场也被日本的纳博特斯克（Nabtesco）公司所垄断。国内在 RV 减速器制造的一些关键技术上还有待提高，比如，针孔壳要求确保数十个半圆孔的圆度及同心度。工业机器人的控制系统一般包括伺服层、主控层及操作层。其中，伺服层包括伺服电机、驱动器等，主控层包括控制器、编码器、力传感器等。目前，国内机器人在伺服层和主控层的核心技术上均存在一定程度的制约。

控制系统方面，欧系机器人一般采用伦茨、博世力士乐等控制系统，其具有过载能力强、动态响应好、驱动器开放性强等优点；但价格昂贵，日系机器人一般采用安川、松下、三菱等品牌的控制系统，相对欧系控制系统来说动态性能偏弱，但具有价格优势。近年，一些国产控制系统也逐渐开始在工业机器人产品上得到应用。

3.2.4　通信的技术选型

在我们这个场景下，"摧毁者"的行为要受到"观察者"控制。因此，"摧毁者"和"观察者"之间是近距离通信，采用近距离通信方式即可，如百米传输距离的 Wi-Fi 技术。"观察者"和警察之间有可能是远距离操作，因此合适的通信方式是远距离通信方式，如 3G、4G、5G。

在此方案中，我们选择的技术方案如表 3-2 所示。

表 3-2　技术方案

项　　目	观察者—实施者	实施者—警察
通信方式	Wi-Fi	3G、4G、5G
传输距离	100 m	大于 100 m
局限性	近距离传输	室内也许存在覆盖盲点

为了解决无线通信的盲区和不稳定性问题，通信模块采用外置方案，即采用 USB 外置方式解决。未来我们可以依据相应的场景，选择更加合理的无线通信解决方案。

3.2.5　续航能力的技术选型

考虑到警用机器人需要灵活行动，不可能使用电源供电，因此必须是自带电源进行供电，如图 3-3 所示。

图 3-3　警用机器人

目前，电池续航能力差、系统编程较为复杂、生产成本高、应用领域较为狭窄、维护费用高、普及程度不大、民众认同感不深等，依旧是世界范围内民用机器人面临的主要问题。

生产成本和维护费用问题过高，是任何一个新兴制造行业都会面临的问题，随着技术的日益成熟，生产成本和维护费用自然会降低；系统编程复杂与应用领域狭窄，同样需要依靠机器人行业长久的发展才能解决问题。我们要认清当下机器人发展瓶颈问题的关键——电池能源问题，无法找到续航能力强的电池，机器人就不能持续地为人类提供服务，而这恰恰又是机器人被设计出来的原因——稳定持续地协助或取代人类工作。

现在市场上的机器人大多使用锂电池组作为主要能源供应。锂电池组是由多个电芯串并联而成的，虽然这样可以明显提高电池组输出的电压以及增加电池组的总电量，但是由于个体差异，这些电芯无法做到 100% 均衡地充放电，况且大功率电池充电时间也比较长。典型的难题就是"无人机 17 分钟续航问题"，因为 300 g 的锂电池组只够 500 g 的无人机飞行 17 分钟，一方面无法增加锂电池的重量，因为那样会损失更多的能源，导致飞行时间减少；另一方面锂电池充电时间较长，300 g 的锂电池往往需要两个小时才能达到满电状态。这样的问题同样也存在于其他类型的机器人身上，如吸尘机器人的续航时间同样较短，这也是为什么机器人现在只能在特定领域使用的主要原因。

未来有什么替代能源可供选择吗？较为理想的能源有汽油、太阳能、氢燃料电池等。汽油具有动力强、热值高等优点，但是污染较大，不适合家庭和医疗使用；太阳能虽然清洁，但是动力较小，且严重受限于天气情况，机器人无法在阴天和雨天进行工作；氢燃料电池拥有前两者共同的优点，虽然受限于技术，但所幸的是已经解决了爆炸外溢的风险，所以开发机器人使用的氢燃料电池是未来锂电池组替代能源的理想选择。

经过综合评估，我们决定使用"汽油"作为动力和发电的来源，具体理由如下。

❑　汽油足够轻，同时动力也足够强劲。

❑　通过发电机，汽油可以随时转换成电能。

3.3　"摧毁者"子系统总体架构设计

在讲述"摧毁者"子系统总体架构设计之前，我们先来介绍一下相关的技术背景，然后逐一讲述吸附方法、吸附探测器、爬行方法以及摧毁方法的技术讨论和技术选型。

3.3.1　背景技术介绍

作为"摧毁者"，它必须具有吸附能力和进行具体"摧毁"操作的能力，因此良好的技术方案原型就是壁虎机器人。

做壁虎机器人的机构比较多，目前比较成熟的是斯坦福大学的 Stickybot III 以及波士顿动力的 RiSE。Stickybot III 是在 Stickybot 平台上发展起来的，它有 4 条腿，每条腿有 4 个自由度，其中包括在垂直墙上进行攀爬的主要部位——腕部。

由于壁虎可以沿着垂直墙面进行爬行，也自然被拿来作为仿生的对象。壁虎机器人能吸附在墙上的主要原理是，在每个吸力手上，都有数百万根由人造橡胶制造的毛发，每根毛发的直径大约只有 500 nm 左右，长度则不到 2 μm，毛发和垂直表面分子之间会产生分子弱电磁引力，也叫范德瓦尔斯力，这个力可以使壁虎机器人吸附到垂直面上。

Stickybot III 体长 36 cm，速度 5 cm/s；RiSE 体长 25 cm，速度 30 cm/s。壁虎机器人可以吸附在墙上行走，因此可代替人类来执行反恐侦查、地震搜救等高难度的任务。

3.3.2 吸附方法的技术选型

对于不同的故障机器人表面，我们将采用不同的吸附方法，具体如表 3-3 所示。

表 3-3　对于不同的故障机器人表面所需吸附方法的分析

项　　目	粗　糙　表　面	光　滑　表　面
吸附原理	毛刺	吸盘
表面要求	表面有大量的凸凹，可以支持毛刺	表面足够光滑，吸盘抽取空气成真空时，不发生漏气
典型材质	石材、水泥、混凝土	金属面板、橡胶/硅胶

实际上，可以做成接插组件，机器人可以接插毛刺吸附触手，或者接插吸盘吸附触手。

粗糙表面的吸附原理如图 3-4 所示。

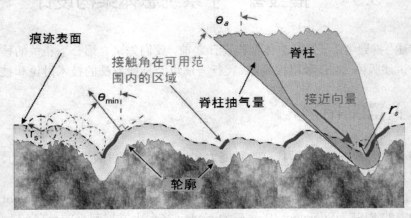

图 3-4　粗糙表面的吸附原理

通过对粗糙表面进行放大观察，我们会发现粗糙表面存在很多细微区域，如图 3-5 所示。这些细微区域有不同的大小颗粒、倾斜角度，当我们使用不同大小的毛刺去刺向这个粗糙表面时，就会有不同的结果。

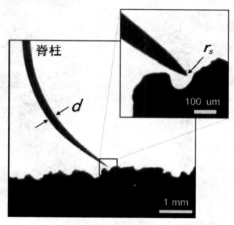

图 3-5　粗糙表面

试验证明，只要毛刺尖端的大小和粗糙表面细微区域的大小接近，就能提供良好的支撑作用。

我们采用坚硬的金属制造毛刺。图 3-6 所示为一个单根毛刺，具有极高的支撑能力。其中，左图是一个毛刺的结构；中图是毛刺的弹簧阻尼器连接模型，其中 1、2 为结构件，弹簧 3 和 4 平行于墙体，弹簧 5 垂直于墙体，标号为 6 的是支点，用以支撑整个机器人；右图还是这个毛刺，只是使用了不同的材质和尺寸。

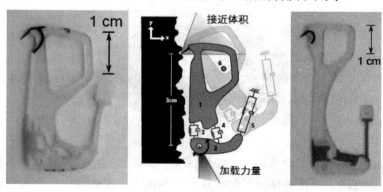

图 3-6　毛刺

经过测试发现，使用 10 根类似毛刺，就可以支撑起一个成年人，如图 3-7 所示。

图 3-7　测试示意图

为了操作这些毛刺，我们设计了以下控制机制。

一般来说，利用真空吸盘抓取制品是最廉价的一种方法。真空吸盘品种多样，橡胶制成的吸盘可在高温下进行操作，由硅橡胶制成的吸盘非常适于抓住表面粗糙的制品；由聚氨酯制成的吸盘则很耐用。另外，在实际生产中，如果要求吸盘具有耐油性，则可以考虑使用聚氨酯、丁腈橡胶或含乙烯基的聚合物等材料来制造吸盘，如图 3-8 所示。通常，为避免制品的表面被划伤，最好选择由丁腈橡胶或硅橡胶制成的带有波纹管的吸盘。其具有较大的扯断力，因而广泛应用于各种真空吸持设备上。

图 3-8　吸盘

平直型真空吸盘的工作原理为：首先将真空吸盘通过接管与真空设备接通，然后与待提升物如玻璃、纸张等接触，起动真空设备抽吸，使吸盘内产生负气压，从而将待提升物吸牢，开始搬送提升物。当提升物被搬送到目的地时，向真空吸盘内平稳地充气，使真空吸盘内由负气压变成零气压或稍为正的气压，真空吸盘脱离提升物，从而完成提升搬送重物的任务。

它的特点如下。

❑ 易损耗。由于它一般用橡胶制造，直接接触物体，磨损严重，所以损耗很快。

❑ 易使用。不管被吸物体由什么材料制成，只要能密封，不漏气，均能使用。电磁吸盘则达不到此要求，它只能用在钢材上，其他材料的板材或者物体是不能吸附的。

❑ 无污染。真空吸盘特别环保，不会污染环境，没有光、热、电磁辐射等产生。

❑ 不损伤工件。真空吸盘由于是橡胶材料所造，吸取或者放下工件不会对工件造成任何损伤。而挂钩式吊具和钢缆式吊具则不然。

3.3.3 吸附探测的技术选型

为了感知是否触碰到故障机器人表面，我们需要传感技术。尤其是通过"观察者"下放缆绳，"摧毁者"需要通过触碰探测来执行一系列快速操作。因此，我们使用"顶针"来作为吸附判断，具体方法如图 3-9 所示。

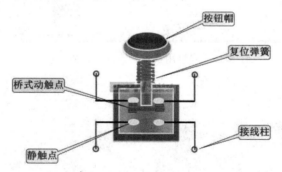

图 3-9　吸附探测方法

图 3-9 中，"按钮帽"一旦触碰到故障机器人表面，就会接通开关，引发 GPIO 中断。因此，我们的芯片需要设计 GPIO 来进行吸附探测。

3.3.4 爬行方法的技术选型

我们将按照爬行机器人的方式，设计 6 个脚，具体如图 3-10 所示。

这些脚可以上下运行，即开合操作。通过开合操作可以找到适合触点（力度足够牢固地支撑自己），然后稳稳地形成着力点。再加上一个前后运行的身体，即可交替把触手伸向前方，如图 3-11 所示。

图 3-10   "警用机器人"的爬行方法设计

图 3-11   "警用机器人"身体设计

　　图 3-12 所示为一个身体骨干的前后运动模式，即身体不断地往前探，然后把处于身体后端的触手张开并运送到身体前段，再做闭合动作。

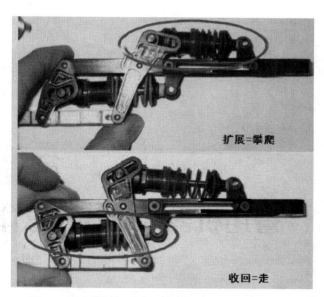

扩展=攀爬

收回=走

图 3-12 "警用机器人"身体骨干的前后运动模式

动作次序如表 3-4 所示。

表 3-4 "警用机器人"身体骨干的前后运动次序

时 间 段	起 始 状 态	爬行半节体长	结 束 后 状 态
前端触手	前端闭合	闭合持续到中端	中端闭合
中端触手	中端闭合	闭合持续到后端	后端闭合
后端触手	后端闭合	张开并运送到前端	前端闭合

当处于后端闭合的触手张开并运送到前端，就可以形成连贯的爬行动作。

3.3.5 摧毁方法的技术选型

作为摧毁故障机器人的手段，我们的优选方案如表 3-5 所示。

表 3-5 摧毁手段的优选方案

方 案 名 称	实 施 方 法	需要的技术手段
钻毁	找到电源，钻孔破坏电池或开关	长电钻
腐蚀	找到芯片，钻孔后注射强酸来腐蚀芯片	电钻+注射器

以上实施手段做成可选项，依据具体故障机器人型号，可以现场装配。

第 4 章
警用机器人 SoC 总体设计

本章主要介绍警用机器人的 SoC 总体设计。每个智能设备都有一颗主芯片，这款警用机器人的主芯片就采用 SoC 设计方法自主设计。本章先介绍 SoC 芯片的总体设计流程，以及系统组在芯片设计中的主要作用，最后介绍 SoC 芯片的工艺设计和封装设计流程。

4.1　SoC 总体流程

本节主要讲述 SoC 芯片设计整体流程、并行处理的数字芯片设计流程和模拟芯片设计流程 3 个方面的内容，。

4.1.1　SoC 芯片设计整体流程

一般而言，SoC 设计流程即首先分析系统需求，分割出模块来。其中，模块又分数字模块和模拟模块。数字模块需要经过 RTL 设计、综合、生成网表，模拟模块则需要经过模块设计、电路设计、布局设计等环节。最后，两者进行布局整合。

具体流程如图 4-1 所示。

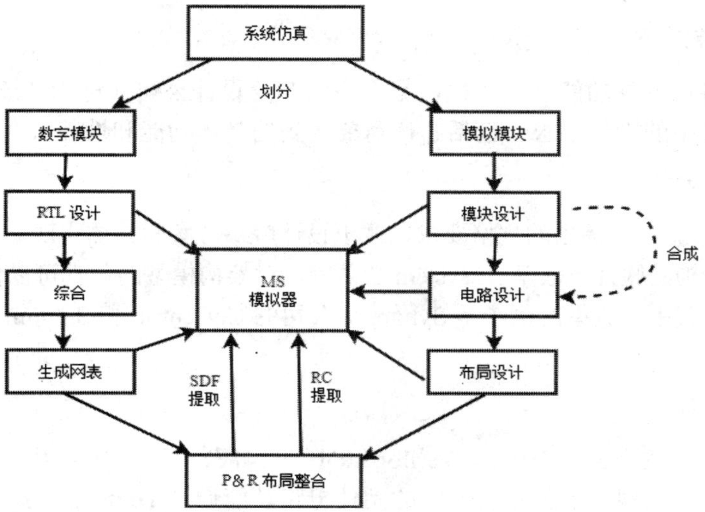

图 4-1　SoC 设计流程

4.1.2　数字芯片设计流程

前端设计（也称逻辑设计）和后端设计（也称物理设计）并没有统一严格的界限，涉及与工艺有关的设计就是后端设计。

数字前端以设计架构为起点，以生成可以布局布线的网表为终点，主要包括基本的 RTL 编程和仿真，前端设计还可以包括 IC 系统设计、验证（verification）、综合、STA、逻辑等值验证 （equivalence check）。其中 IC 系统设计最难掌握，它需要多年的 IC 设计经验并熟悉相应的应用领域，就像软件行业的系统架构设计一样，而 RTL 编程和软件编程难度相当。

数字后端以布局布线为起点，以生成可以送交芯片代工厂进行流片的 GDS2 文件为终点；是将设计的电路制造出来，在工艺上实现想法。

后端设计简单说是 P&R（Place&Route），但是包括的东西不少，像芯片封装和引脚设计、Floorplan、电源布线和功率验证、线间干扰的预防和修正、时序收敛、静态时序分析（STA）、DRC（设计规划检查）、LVS（电路布局验证）等，要求掌握和熟悉多种 EDA 工具以及 IC 生产厂家的具体要求。

术语：

❑　Tape-out——提交最终 GDS2 文件做加工。

❑　Foundry——芯片代工厂，如中芯国际等。

数字前端设计的一般流程如下。

1. 规格制定

芯片规格也就像功能列表一样，是客户向芯片设计公司（称为 Fabless，无晶圆设计公司）提出的设计要求，包括芯片需要达到的具体功能和性能方面的要求。

2. 详细设计

Fabless 根据客户提出的规格要求，拿出设计解决方案和具体实现架构，划分模块功能。目前架构的验证一般基于 System C 语言，对架构模型的仿真可以使用 System C 的仿真工具。其中，典型的例子是 Synopsys 公司的 CoCentric 和 Summit 公司的 Visual Elite 等。

3. HDL 编码

使用硬件描述语言（VHDL、Verilog HDL，业界公司一般都使用后者）将模块功能以代码来描述实现，也就是将实际的硬件电路功能通过 HDL 语言描述出来，形成 RTL（寄存器传输级）代码。

设计输入工具：具有强大的文本编辑功能、多种输入方法（VHDL、Verilog、状态转移图、模块图等）、语法模板、语法检查、自动生产代码和文档等功能，如 Active-HDL、Visual VHDL/Verilog 等。

RTL 分析检查工具：Synopsys LEDA。

4. 仿真验证

仿真验证就是检验编码设计的正确性，检验的标准就是第一步制定的规格，即检查设计是否精确地满足了规格中的所有要求。规格是设计正确与否的黄金标准，一切不符合规格要求的，都需要重新修改设计和编码。

设计和仿真验证是反复迭代的过程，直到验证结果完全符合规格标准。

仿真验证工具有 Synopsys 的 VCS、Mentor Graphics 的 ModelSim、Cadence 的 Verilog-XL、Cadence 的 NC-Verilog。

5. 逻辑综合——Design Compiler

仿真验证通过后即可进行逻辑综合。逻辑综合的结果就是把设计实现的 HDL 代码翻译成门级网表（gate netlist）。逻辑综合需要设定约束条件，就是你希望综合出来的电路在面积、时序等目标参数上达到的标准。逻辑综合需要基于特定的综合库，不同的库中，门电路基本标准单元（standard cell）的面积、时序参数是不一样的。所以选用的综合库不一样，综合出来的电路在时序、面积上是有差异的。一般来说，综合完成后需要再次做仿真验证（这个也称为后仿真，之前的称为前仿真）。

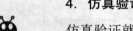

逻辑综合工具有 Synopsys 的 Design Compiler（DC）、Cadence 的 PKS、Synplicity 的 Synplify 等。另外和综合工具配合使用的还有很多其他工具，如静态时间分析工具、等效性检查工具等。Synopsys 公司和 Cadence 公司都提供了完整的工具包，具体如下。

❑ STA

STA（Static Timing Analysis，静态时序分析），属于验证范畴，它主要是在时序上对电路进行验证，检查电路是否存在建立时间（setup time）和保持时间（hold time）的违例（violation）。一个寄存器一旦出现这两个时序违例，是没有办法正确采样数据和输出数据的，所以以寄存器为基础的数字芯片功能肯定会出现问题。STA 工具有 Synopsys 的 Prime Time。

❑ 形式验证

这也是验证范畴，它从功能上（STA 是时序上）对综合后的网表进行验证。常用的就是等价性检查（equivalence check）方法，以功能验证后的 HDL 设计为参考，对比综合后的网表功能，看它们是否在功能上存在等价性。这样做是为了保证在逻辑综合过程中没有改变原先 HDL 描述的电路功能。形式验证工具有 Synopsys 的 Formality。

前端设计的流程暂时写到这里。从设计程度上来讲，前端设计的结果就是得到芯片的门级网表电路。

4.1.3 模拟芯片设计流程

一个 IC 芯片的设计开发大致包括如下 8 个步骤。

1. 挖掘潜在市场

一款 IC 产品，投入巨大，没有巨大的潜在市场或者收益回报是很难想象的。这就要求公司的决策者要有超前的眼光，发掘潜在的应用点。比如 AI 时代，所有的手机都会集成 AI 加速器，以提高手机处理图片的速度。如果设计公司早期能在这方面积累一定的经验，则可以在国内的行业中领先一步。

2. 设定 IC 初期的规格

用途范围不同，规格肯定不同，如车载的和一般家用的，还有军用的。各个用途对 IC 的耐性能度要求也不同，像 ESD 耐压、温度变化等。当然最重要的，还是根据协议标准来制定 IC 产品的规格，如 GSM 中频处 LPF 的 cut-off 量就要达到 50 dBc 以上，另外，数字移动电视如果是 OFDM 的 64QAM 变调，则一般要求锁相环（PLL）的相位噪声积分值要在 1 degrms 以下。

3. 确定总体架构

根据成本、工艺、设计难易度、人力等，来确定到底采用哪种结构，每种架构都有其优缺点。例如，零中频接收器、混频器（mixer）不用考虑镜像干扰，不需要 LPF，设计难度降低，但是同时也面临直流偏置（DC offset）的问题，用经过适当设计的 DC server 电路可以解决问题，但是挑战性较大。

4. 设计阶段

根据公司现有人力、物力资源，项目管理者制定好各模块具体设计目标后，工程师同时进行设计。项目管理者必须对系统性能有充分的熟悉程度，并且要使各单元电路分配到合理的设计目标，如压控振荡器（VCO），一般相位噪声和 Kv 是折中的关系，所以相位噪声要求高时，一般都牺牲面积和功耗，同时 Kv 保持一定的值，来满足相位噪声的高要求。

个别模块（block）电路设计，在要求设计者有一定经验水平的基础上，一般选用常用的结构，采用新颖的结构时，特别要注意对其元件参数变动、温度、电压变动的仿真（corner simulation）。

5. 布线（layout）设计

这时，先要基本确定 IC 引脚（Pin）的数目、封装（PKG）的类型（这也是需要项目管理者确定的），然后布线（layout）设计者可以根据引脚的配置，确定 block 的位置。关于个别的 block 设计，主要包括差分信号的地方要对称配置，信号线、地线（GND）、电源线先要合理配置等，这里主要谈一下总的布线（layout）设计。

- ❑ 本振（LO）和射频（RF）要分开，VCO、xtal 都是主要的噪声源，这些模块（block）不能靠射频（RF）、中频（IF）太近。
- ❑ 要设计测试（test block）电路，以便能在测试阶段，对每个关键的 block 电路性能进行测试。
- ❑ 信号的流向要自然，如射频（RF）信号从左到右、本振（LO）信号从下到上等。
- ❑ Block 之间的线（line）应根据要求来选择，如 LO 的 block，对损耗要求不是很高，则可以用 metal1、metal2 等线节约面积。

6. 后期仿真

这里根据 CAD 资源，每个 block 的反标仿真（back annotation sim）是必不可少的，block 串接起来，局部系统的仿真现在随着 CAD 工具的发展也可以实现，比如用 Agilent 的 Goldengate 小信号高速仿真器，大大加快了仿真时间，提高了设计精度。

7. 封装

对于流片，这里不做具体介绍，一般部件的变化浮动都已经考虑进设计过程了。关于封装，如果是高功耗的 IC，则一定要进行热阻抗测试。关于热阻抗，以后作者再具体谈。对于一些小的封装公司，热阻抗的测试往往不是很完善，这最终可能会导致使用保存温度范围的要求达不到规格。

8. 测试

测试包括 block 测试、系统测试、ESD、选别测试等多个环节。每个环节都很重要，第一次流片时，测试越具体，越容易发现设计过程中没有考虑到的东西。例如，在 block 设计中只考虑了 P1 dB、IP3 等，其实如果是数字电视接收 IC，还要考虑CTO、CBO 等参数，还有附近频带的干扰，如模拟电视信号的干扰等。

另外，在测试时，如果 PCB 板也是自己设计的，用 Protel、Allegro 等带 DRC check的软件要比 AutoCAD 更好；主要电压线设计成可以分离的类型，尽量避免平行临近走线；在关键部位，多考虑设计些预备 pad，以增加测试的灵活度。

4.2 系统组流程

系统组在芯片设计流程中的主要作用有两个方面：需求分析及架构设计。本节就针对警用机器人这个项目，来总结一下系统组所做的工作。

4.2.1 需求分析

针对前面的功能需求，我们对"观察者"芯片需求进行了汇总，如表 4-1 所示。

表 4-1 "观察者"芯片需求汇总

功 能 需 求	技 术 方 案	芯 片 需 求
飞行姿态控制	参考无人机芯片设计	陀螺仪、加速度计、磁力计
马达控制	无刷电机	PWM
公网通信	外置通信芯片	USB
和"实施者"的通信	外置通信芯片	USB
摄像机	参考无人机芯片设计	PCI
摄像机云台控制	AI 识别和决策	AI 协处理器
折叠和缆绳操作	无刷电机	GPIO+DA

"摧毁者"芯片需求汇总如表 4-2 所示。

表 4-2　"摧毁者"芯片需求汇总

功 能 需 求	技 术 方 案	芯 片 需 求
爬行	无刷电机	GPIO+DA
接触检测	触摸式开关	GPIO
触手牢固度检测	压力检测	AD
实施手段	电钻（无刷电机）	GPIO+DA

芯片通用功能如表 4-3 所示。

表 4-3　芯片通用功能

功 能 需 求	芯 片 需 求	功 能 需 求	芯 片 需 求
通用功能	CPU	DMA、RTC	DMA、RTC
	存储控制器	调试手段、启动管理	JTAG、Boot
中断管理	中断控制器	电源管理	ADC

4.2.2　架构设计

综合以上所有需求，我们得到了"观察者"的芯片功能组合，其结构特点是在 AHB/APB 总线上挂接各种模块，其中有 CPU、存储、加速度计、陀螺仪等，具体如 图 4-2 所示。

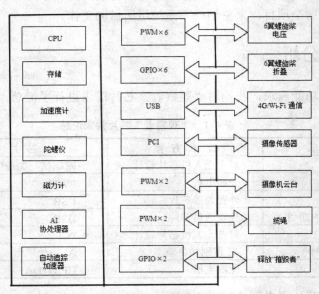

图 4-2　"观察者"的芯片功能组合

SoC 设计原理与实战——轻松设计机器人

综合以上所有需求，我们得到了"摧毁者"的芯片功能组合。其结构特点同样是在 AHB/APB 总线上挂接各种模块，其中有 CPU、存储器、传感器、USB 等，具体如图 4-3 所示。

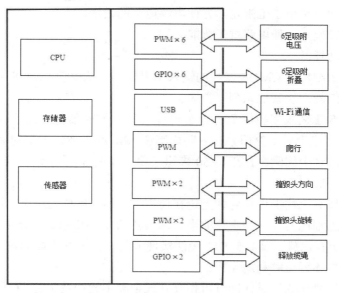

图 4-3   "摧毁者"的芯片功能组合

4.3 工 艺 设 计

自 1958 年美国德克萨斯仪器公司（TI）发明集成电路（IC）后，随着硅平面技术的发展，20 世纪 60 年代先后发明了双极型和 MOS 型两种重要的集成电路，标志着由电子管和晶体管制造电子整机的时代发生了量和质的飞跃。

金属-氧化物-半导体（Metal-Oxide-Semiconductor）结构的晶体管简称 MOS 晶体管，有 P 型 MOS 管和 N 型 MOS 管之分。由 MOS 管构成的集成电路称为 MOS 集成电路，而由 PMOS 管和 NMOS 管共同构成的互补型 MOS 集成电路即为 CMOS-IC（Complementary MOS Integrated Circuit）。

数字集成电路按导电类型可分为双极型集成电路（主要为 TTL）和单极型集成电路（CMOS、NMOS、PMOS 等）。CMOS 电路的单门静态功耗在毫微瓦（nw）数量级。

电路原理：CMOS 由 PMOS 管和 NMOS 管共同构成，特点是低功耗。由于 CMOS

中一对 MOS 组成的门电路在瞬间要么 PMOS 导通，要么 NMOS 导通，要么都截至，比线性的三极管（BJT）效率高得多，因此功耗很低。

相对于其他逻辑电路系列，CMOS 逻辑电路具有以下优点。

- ❑ 允许的电源电压范围宽，方便电源电路的设计。
- ❑ 逻辑摆幅大，使电路抗干扰能力强。
- ❑ 静态功耗低。
- ❑ 隔离栅结构使 CMOS 器件的输入电阻极大，从而使 CMOS 期间驱动同类逻辑门的能力比其他系列强得多。

p 阱 CMOS 工艺采用轻掺杂的 N 型衬底制备 PMOS 器件。为了做出 N 型器件，必须先在 N 型衬底上做出 P 阱，在 p 阱内制造 NMOS 器件。典型的 P 阱硅栅 CMOS 工艺从衬底清洗到中间测试，总共 50 多道工序，需要 5 次离子注入，连同刻钝化窗口，共 10 次光刻。

互补式金属氧化物半导体元件无论在使用的面积、操作的速度、耗损的功率，以及制造的成本上都比另外一种主流的半导体工艺 BJT（Bipolar Junction Transistor，双载流子晶体管）有优势，很多在 BJT 无法实现或是实作成本太高的设计，利用互补式金属氧化物半导体皆可顺利地完成。

互补式金属氧化物半导体同时可指互补式金氧半元件及工艺。在同样的功能需求下，互补式金属氧化物半导体工艺所制造的集成电路享有功耗较低的优势，这也使得今天的集成电路产品大多采用互补式金属氧化物半导体制造。

4.4 封 装 设 计

芯片封装从外形上看，有上百种。图 4-4 所示为一些常见的封装类型，外部露出来的都是芯片的外部引脚。

选择封装类型，主要还是看到底需要引出多少引脚来。如果引出的引脚少，可以使用简单的封装；如果引出的引脚多，则可以使用复杂的封装。复杂的封装自然成本更高，要求的焊接技术也会更高。

考虑到我们基本上把引脚都做到了芯片内部，故此需要外置的引脚会少很多。这里初步确定为较少的引脚、较简单的封装形式。具体引脚数量和封装形式，需要等到芯片设计结束后再行确定。

SoC 设计原理与实战——轻松设计机器人

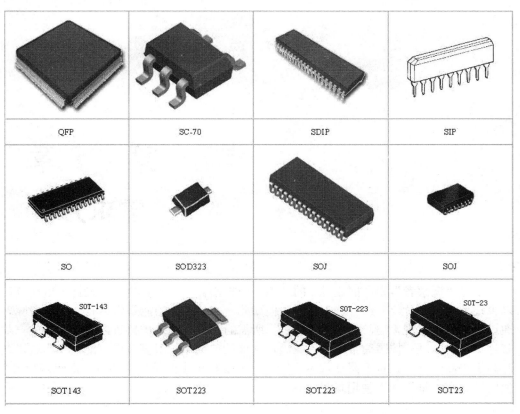

图 4-4　常见封装类型

第 5 章

需求分析

汇总"观察者"和"摧毁者"的功能，把它们合为一个芯片进行设计，这样就可以少设计一个芯片，节约一些工作量。但如此一来，芯片功能是否会有一些浪费呢？通过对比可以发现，"观察者""摧毁者"所需的芯片功能基本接近，故此设计成一款芯片也基本合理。按照通常原则，在满足功能的前提下，引脚应尽可能的少，这样既有利于提高健壮性，也会降低成本；同时，要支持至少两种使用场景，即"观察者"使用场景和"摧毁者"使用场景。

5.1 功能需求

汇总"观察者"使用场景、"摧毁者"使用场景的总体需求，结果如表 5-1 所示。

表 5-1 "观察者"和"摧毁者"使用场景的总体需求结果汇总

功 能 需 求	芯 片 需 求
通用功能	CPU
	存储控制器
中断管理	中断控制器
DMA、RTC	DMA、RTC
调试手段、启动管理	JTAG、Boot
电源管理	ADC
陀螺仪、加速度计、磁力计	（1）加速度计测量范围±2g/±4g/±8g/±16g
	（2）陀螺仪测量范围±125°/s to ±2000°/s
	（3）地磁计测量范围±1300 μT（x-axis，y-axis）；±2500 μT（z-axis）

功 能 需 求	芯 片 需 求
"观察者"使用场景、"摧毁者"使用场景需要的外设	PWM×16
	AD/DA×3
	GPIO×16
	USB
	PCI
AI 协处理器	AI-Accelerator
内存	Memory
Flash	Flash

5.2 Pin 需求

汇总 Pin 的需求，结果如表 5-2 所示。

表 5-2 Pin 需求汇总

功 能 需 求	需 求 种 类	Pin 需求
存储设备	数字	59
系统、调试相关	数字、模拟	10
PWM	模拟	16
AD/DA	模拟	3+3
GPIO	数字	16
USB	数字	4
Others	数字	10
总计		108

由于总 Pin 数为 121 个，而封装出来的 Pin 数仅为 108 个，故此有 121-108=13 个 Pin 需要复用。考虑到芯片在"观察者""摧毁者"使用场景下，需要使用的 Pin 不同，因此对于不会同时使用的 Pin 可以进行复用。在"观察者"使用场景中，这些复用 Pin 的含义是"观察者" Pin；而在"摧毁者"使用场景中，这些复用 Pin 的含义是"摧毁者" Pin，具体如表 5-3 所示。

表 5-3 Pin 使用场景

Pin 命名	"观察者"使用场景	"摧毁者"使用场景
PWM 8-16	SPI、IIC	PWM 8-16
GPIO 12-16	USB 2	GPIO 12-16

第 *6* 章

数字设计——结构设计

本章介绍警用机器人的数字设计部分，主要内容包括芯片架构原理、建模工具 UML 和总体结构设计等几个部分。

6.1 芯片架构原理

下面来介绍芯片架构的相关原理，主要包括芯片构成、CPU、Bus、核心外设 4 部分内容。

6.1.1 芯片构成原理介绍

设计一个芯片和组建一个物联网网络非常类似，故此本书以物联网组网的模型来解释怎样进行芯片设计。一个典型的物联网网络结构大致如图 6-1 所示，它由一些传感器、服务器组成，通过不同的网络把这些部件连接在一起，形成一个系统。

芯片设计起始也会采用非常类似的方式，具体对比关系如表 6-1 所示。

芯片设计和物联网组网非常类似，就是选型（找到合适的部件，芯片设计行业把这个部件叫作 IP），然后把这些部件连接在一起。

下面，我们先熟悉一些典型部件。

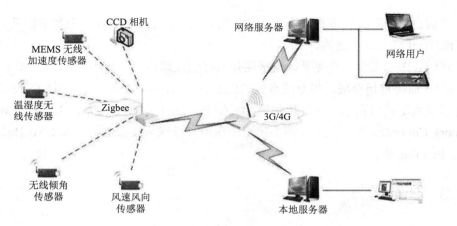

图 6-1 典型的物联网网络结构

表 6-1 典型物联网网络结构与芯片设计起始对比关系

术语对应关系	物联网网络	芯 片
网络/总线	Zigbee、3G/4G/5G	AHB（ASB）、APB
计算中心	服务器	CPU
存储器	网络存储云	Flash
输入设备	传感器	外设
输出设备	网络打印机	外设

6.1.2 CPU

目前，业界 CPU 大体分成如表 6-2 所示几个款型。

表 6-2 CPU 款型

指令集型号	分　类	供货厂商	是否开放 IP	生 态 系 统
X86	CISC	Intel、AMD	不开放	丰富,目前主要用于服务器、PC 行业,便携式领域也开始有所使用
ARM	RISC	ARM	开放	丰富，目前主要用于便携式设备，在服务器领域也开始使用
MIPS	RISC	多家	半开源	比较丰富，目前主要用于服务器、网络通信领域
PowerPC	RISC	多家	不开放	比较丰富，目前主要用于通信、服务器领域
System V	RISC	多家	开源	最近比较热门

我国自研的芯片大多都是基于 MIPS 指令集的，基于 ARM 指令集的次之。这是由 CPU 的开放程度决定的。

我们要做的工作，首先是确定采用什么样的处理核（CPU Core），是 MIPS 还是 ARM，从而决定指令集、指令流水线、Cache、编译器等。确定了 CPU Core 之后，接着需要确定要用到哪些外设控制器，如 GPIO、UART、RTC、DSP、LCD Controller、Memory Controller 等。最后，需要确定采用何种总线来连接它们，如 USB Bus、I2C Bus、PCI Bus 等。

6.1.3 Bus

一旦选定了 CPU，Bus（总线）一般就随之确定了。对于选用 ARM 作为 CPU 的，我们遇到的 Bus 就是两种，如图 6-2 所示。

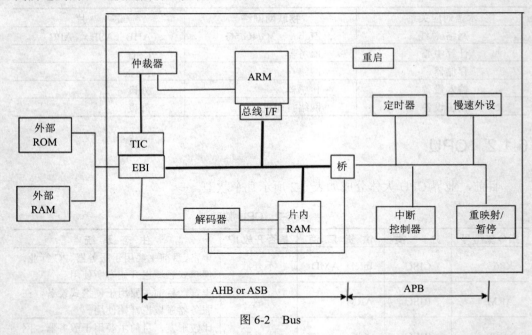

图 6-2　Bus

其中，连接高速设备的叫作 AHB（或 ASB），连接慢速设备的叫作 APB，这两种总线通过一个叫作"桥"的设备互连起来。

6.1.4 核心外设

其余的设备统称为外设。基于以上部件，可以绘制出系统原理图，如图 6-3 所示。

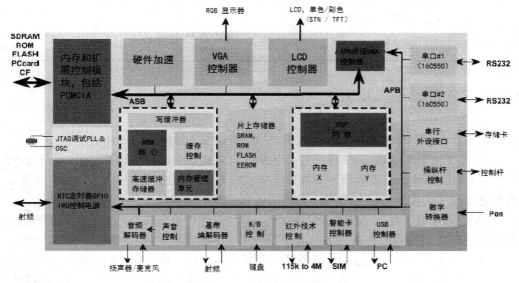

图 6-3 系统原理图

它有一个 CPU（ARM），用 ASB 总线连接多个高速设备（片内存储设备、外部存储设备、硬件加速器、显卡、APB 桥）；通过 APB 桥引出 APB 总线，该总线上连接了很多外设，如串口（UART）、SPI 总线控制器、USB、音频设备等。

6.2 掌握设计方法

在不同的 SoC 芯片设计流程中，需要掌握的设计方法大致如表 6-3 所示。

表 6-3 SoC 芯片设计方法

阶　　段	任　　务	设计方法和工具
架构阶段	划分模块（IP core）及其接口（Bus）	可以使用以下工具：Visio、VGUI、UML 等
设计阶段	写文档，编码	语言可以为 VHDL、Verilog 或 SystemC。目前主流是 VHDL
调试阶段	编译运行这些代码，生成各个引脚的时序图（spice）进行分析验证，看是否符合设计	编译模拟工具有很多，如 freeHDL、GHDL、BlueHDL 等，选择其一即可

阶　段	任　务	设计方法和工具
发布阶段	用商用 VHDL 编译器把代码编译（synthesis）成 ASIC 或 FPGA 格式（netlist），然后把网表（netlist）下载到 FPGA 或送给生产厂生产	综合工具：Synopsys FPGA Compiler II
Demo 阶段	绘制 PCB 板，提供给软件开发使用	绘制 PCB 板的软件可选 PCB、Xcircuit、gEDA 等

6.2.1　建模工具 UML

在设计芯片整体原理时，可以使用 UML 工具来进行建模和设计。

UML（Unified Modeling Language）又称统一建模语言或标准建模语言，始于 1997 年一个 OMG 标准，它是一个支持模型化和软件系统开发的图形化语言，为软件开发的所有阶段（由需求分析到规格，再到构造和配置）提供模型化和可视化支持。

UML 图聚集了相关的事物及其关系的组合，是软件系统在不同角度的投影。UML 图由代表事物的顶点和代表关系的连通图表示。下面对常用的几类图进行简单介绍。

- ❑ 类图（class diagram）。展现了一组对象、接口、协作和它们之间的关系。类图描述的是一种静态关系，在系统的整个生命周期都是有效的，是面向对象系统的建模中最常见的图。
- ❑ 对象图（object diagram）。展现了一组对象以及它们之间的关系。对象图是类图的实例，几乎使用与类图完全相同的标示。
- ❑ 用例图（useCase diagram）。展现了一组用例、参与者（actor）以及它们之间的关系。用例图从用户角度描述系统的静态使用情况，用于建立需求模型。
- ❑ 交互图（interaction diagram）。用于描述对象间的交互关系，由一组对象和它们之间的关系组成，包含它们之间可能传递的消息。交互图又分为序列图和协作图，其中序列图描述了以时间顺序组织的对象之间的交互活动；协作图强调收发消息的对象的结构组织。
- ❑ 状态图（state diagram）。由状态、转换、事件和活动组成，描述类的对象所有可能的状态以及事件发生时的转移条件。通常状态图是对类图的补充，仅需要为那些有多个状态的、行为随外界环境而改变的类画状态图。
- ❑ 活动图（active diagram）。一种特殊的状态图，展现了系统内一个活动到另一个活动的流程。活动图有利于识别并行活动。
- ❑ 组件图（component diagram）。展现了一组组件的物理结构和组件之间的依赖关系。组件图有助于分析和理解组件之间的相互影响程度。

- 部署图（deployment diagram）。展现了运行处理节点以及其中的组件的配置。部署图给出了系统的体系结构和静态实施视图。它与组件图相关，通常一个节点包含一个或多个构建。

图 6-4 所示为部分模块原理设计的 UML 例图，它们说明了每个模块由哪些部分组成，需要完成哪些动作。

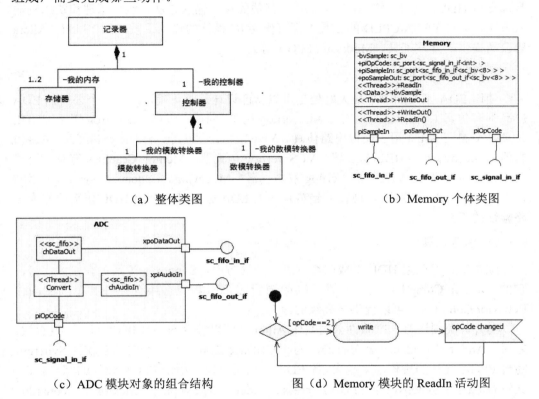

（a）整体类图　　　　　　　　　　（b）Memory 个体类图

（c）ADC 模块对象的组合结构　　　图（d）Memory 模块的 ReadIn 活动图

图 6-4　部分模块原理设计的 UML 例图

6.2.2　设计工具

IC 设计工具很多，其中按市场所占份额排行为 Cadence、Mentor Graphics 和 Synopsys。这 3 家都是 ASIC 设计领域相当有名的软件供应商。其他公司的软件相对来说使用者较少。中国华大公司也提供 ASIC 设计软件（熊猫 2000）；另外近来出名的 Avanti 公司，是原来在 Cadence 的几个华人工程师创立的，他们的设计工具可以全面和 Cadence 公司的工具相抗衡，非常适用于深亚微米的 IC 设计。下面按用途对 IC 设计软件做一些介绍。

1. 设计输入工具

这是任何一种 EDA 软件必须具备的基本功能。像 Cadence 的 composer、ViewLogic 的 ViewDraw，硬件描述语言 VHDL、Verilog HDL 是主要设计语言，许多设计输入工具都支持 HDL。另外，像 Active-HDL 和其他的设计输入方法，包括原理和状态机输入方法，设计 FPGA/CPLD 的工具大都可作为 IC 设计的输入手段，如 Xilinx、Altera 等公司提供的开发工具、Modelsim FPGA 等。

2. 设计仿真工作

使用 EDA 工具的一个最大好处是可以验证设计是否正确，几乎每个公司的 EDA 产品都有仿真工具。Verilog-XL、NC-verilog 用于 Verilog 仿真，Leapfrog 用于 VHDL 仿真，Analog Artist 用于模拟电路仿真。ViewLogic 的仿真器有 ViewSim 门级电路仿真器、Speedwave VHDL 仿真器、VCS-verilog 仿真器。Mentor Graphics 有其子公司 Model Tech 出品的 VHDL 和 Verilog 双仿真器：Modelsim。Cadence、Synopsys 用的是 VSS（VHDL 仿真器）。现在的趋势是各大 EDA 公司都逐渐用 HDL 仿真器作为电路验证的工具。

3. 综合工具

综合工具可以把 HDL 变成门级网表。在这方面，Synopsys 工具占有较大优势，它的 Design Compiler 是工业界标准的逻辑综合工具，它还有另外一个产品叫作 Behavior Compiler，可以提供更高级的综合。

另外，美国还有一家软件公司叫作 Ambit，可以综合 50 万门的电路，速度更快。之后，Ambit 被 Cadence 公司收购，为此 Cadence 放弃了它原来的综合软件 Synergy。随着 FPGA 设计的规模越来越大，各 EDA 公司又开发了用于 FPGA 设计的综合软件，比较有名的有 Synopsys 的 FPGA Express、Cadence 的 Synplity、Mentor 的 Leonardo，这 3 家的 FPGA 综合软件占了市场的绝大部分份额。

4. 布局和布线

在 IC 设计的布局布线工具中，Cadence 软件是比较有实力的，它有很多产品，用于标准单元、门阵列，能够实现交互布线。最有名的是 Cadence Spectra，它原来是用于 PCB 布线的，后来 Cadence 把它用作 IC 的布线。其主要工具有：Cell3、Silicon Ensemble——标准单元布线器；Gate Ensemble——门阵列布线器；Design Planner——布局工具；其他各 EDA 软件开发公司也提供各自布局布线工具。

5. 物理验证工具

物理验证工具包括版图设计工具、版图验证工具、版图提取工具等。在这方面，Cadence 的 Dracula、Virtuso、Vampire 等物理工具有很多使用者。

6. 模拟电路仿真器

前面讲的仿真器主要是针对数字电路的，对于模拟电路的仿真工具，普遍使用 SPICE，这是唯一的选择。只不过是选择不同公司的 SPICE，像 MiceoSim 的 PSPICE、Meta Soft 的 HSPICE 等。HSPICE 已被 Avanti 公司收购。在众多的 SPICE 中，最好、最准的当数 HSPICE，作为 IC 设计，它的模型最多，仿真的精度也最高。

6.3　设计总体结构

仿照上面的例子，综合芯片设计需求，可以推导出我们自己的芯片架构大致如图 6-5 所示。

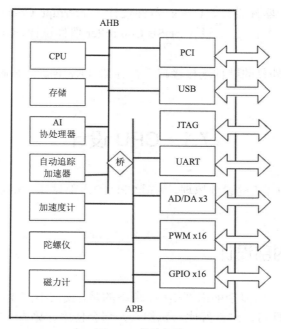

图 6-5　芯片架构

把高速设备挂接在 AHB 高速总线上，把其他慢速设备挂接在 APB 慢速总线上。

第 7 章

数字设计——概要设计

本章主要介绍的是警用机器人各器件的设计，分别为 CPU 设计、Bus 设计、Memory Controller 器件设计、Clock 器件设计、Interrupt Controller 设计、Internal Memory 器件设计、DMA 器件设计、USB Controller 器件设计、GPIO 器件设计、FIFO 器件设计。

引脚是芯片和外界的硬件连接接口。寄存器（Register）是芯片和外界的软件连接接口。

7.1   CPU 设计

本节主要介绍 CPU 的设计原理，包括 CPU 的内部设计、引脚设计，以及 Register 接口。

7.1.1   CPU 内部设计

CPU 里面有着非常复杂的内部结构，所幸的是，我们不需要理解和掌握它的内部细节，只要会使用即可。这就好比，我们人人都会使用计算机（PC），但我们并不用知道计算机是怎样生产出来的。

图 7-1 所示是 CPU 的内部结构。

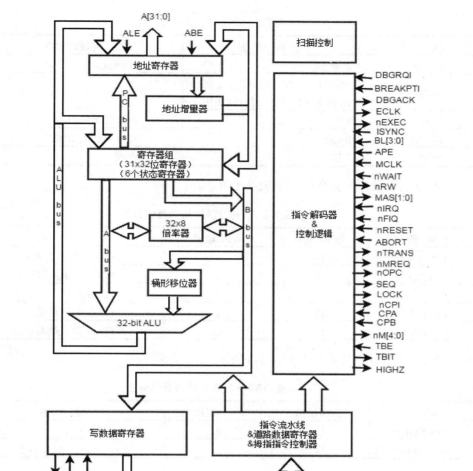

图 7-1 CPU 的内部结构

7.1.2 CPU 引脚接口

虽然我们不需要了解 CPU 的内部设计，但需要了解 CPU 是怎么使用的，也就是 CPU 会出哪些接口，这些接口又分别需要连接哪些设备。

CPU 典型的外部接口如表 7-1 所示。

表 7-1 CPU 典型的外部接口

接 口	连线情况	连接的部件
Arbiter	2 根	仲裁器
AHB	地址线 32 根，数据线 32 根，控制线近 20 根，时钟线 1 根	各个高速设备，以及晶振
JTAG	5 根	芯片外露的引脚
控制信号	Reset	芯片外露的引脚
电源	2 根	电源

5 根 JTAG 接口的具体分工如表 7-2 所示。

表 7-2　5 根 JTAG 接口具体分工

引脚名称	数字/模拟	输入/输出	描 述
CP-TCLK	D	I	JTAG 测试时钟
CP-TDI	D	I	JTAG 测试数据输入
CP-TMS	D	I	JTAG 测试
CP-TRST	D	I	JTAG 测试重置
CP-TDO	D	O	JTAG 测试数据输出

2 根电源接口的具体分工如表 7-3 所示。

表 7-3　2 根电源接口具体分工

引脚名称	数字/模拟	输入/输出	描 述
VSS-CORE	D	I	Core GND
VCC-CORE	D	I	Core VCC/VDD，1.2V

7.1.3　Register 接口

CPU 一般没有外置的寄存器，它的软件接口主要体现为以下两个方面。

- □　指令集，这里表现为编译器，如 gcc for ARM、gcc for MIPS 等。
- □　调试工具和集成开发环境，甚至仿真工具等。

7.2　Bus 设计

总线是不同部件之间进行相互通信的机制。在芯片中存在很多种总线类型。有的总线快，有的总线慢；有的总线需要的宽度大，有的总线需要的宽度小；有的总线容错能力强，有的总线容错能力弱。它们分别用于不同的使用场景。表 7-4 所示即为部分总线的举例。

表 7-4　部分总线举例

总线 类型	线数	通信 类型	多主支持	数据率	总线上 器件的数量	线缆长度 （m）
UART	2	异步	不支持	3 Kbps～4 Mbps	2	1.5@128 Kbps
SPI	3	同步	不支持	>1 Mbps	<10	<3
I²C	2	同步	支持	<3.4 Mbps	<10	<3
CAN	2 或 1	异步	支持	20 Kbps～1 Mbps	128	40@1 Mbps
LIN	1	异步	不支持	<20 Kbps	16	40

7.2.1　AHB 总线设计

AHB 总线是 ARM CPU 配套的总线类型，用于高速器件之间的相互通信。总线一般由多根平行线组成，通过引脚露出到芯片外部，如图 7-2 所示。

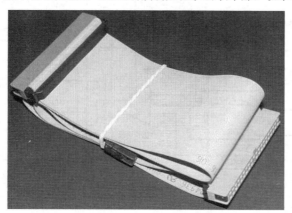

图 7-2　总线

在芯片内部，就是一组平行的连接线。在这样的一组平行连接线中，既有地址线，又有数据线，还有控制线，如图 7-3 所示。用这些连接线把高速设备连接在一起。

当要连接的设备很多时，为了避免多个设备之间发生冲突，需要引入仲裁器。仲裁器的具体结构如图 7-4 所示。

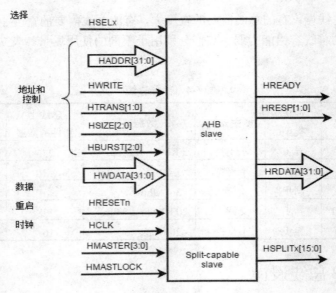

图 7-3 AHB 总线接口

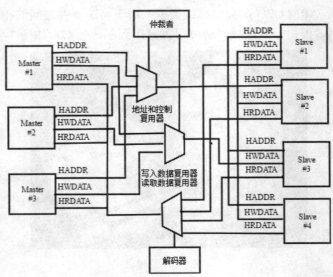

图 7-4 仲裁器

7.2.2 APB 总线设计

APB 总线是 ARM CPU 配套的总线类型，用于低速器件之间的相互通信。

为了把慢速设备也连接起来，我们需要一个"桥"来进行和快速总线的转换。其连接线关系如图 7-5 所示。

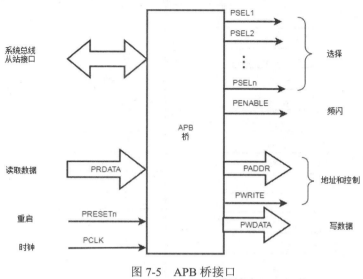

图 7-5　APB 桥接口

这些连接线都在芯片内部，并不会表现到芯片的外部来。

7.3　Memory Controller 器件设计

存储器件主要是指存储各种信息的器件。为了标示不同器件的位置，芯片中需要对所有器件进行统一编址，以确保每个地址都有唯一对应的器件及其之上的唯一位置。

需要统一管理的器件及其位置有以下几种。

- ❑ 各个部件的寄存器（用于控制各个部件）。
- ❑ 内部内存（如片内内存、Cache）。
- ❑ 内部 Flash（如 BIOS、bootloader 等）。
- ❑ 外部内存。
- ❑ 外部 Flash。

7.3.1　电路原理设计

为了连接外部的可扩展内存、Flash，我们需要设计一个存储控制器。由于其原理也是通用的，故此只需要了解其使用方法即可。Memory Controller 具体外部接口如

图 7-6 所示。

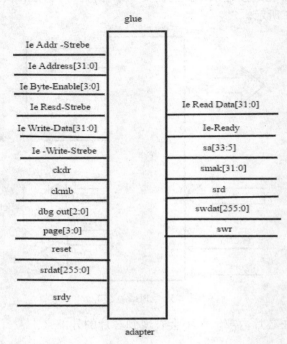

图 7-6 Memory Controller 具体外部接口

7.3.2 引脚接口设计

Memory Controller 器件的对外引脚接口如表 7-5 所示。

表 7-5 对外引脚定义

引 脚 名 称	数字/模拟	输入/输出	描　　述
EXT-ADDR[24:1]	M	O	地址总线，所有外接设备
EXT-DATA[15:0]	D/M	I/O	数据总线，16 位，双向，所有外部设备
EXT-CS#[5:1]	M	O	片选，非 SDRAM 存储器（异步 SRAM，LCD，闪存）
EXT-OE#	D	O	输出使能
EXT-WE#	D	O	写选通或总线选通（SDRAM，异步 SRAM，闪存，LCD）
EXT-DQM[1:0]	M	O	字节掩码控制（SDRAM，异步 SRAM，闪存）

引 脚 名 称	数字/模拟	输入/输出	描 述
EXT-SDCS#[1:0]	M	O	SDRAM 芯片选择
EXT- SDCS#	M	O	SDRAM 列地址选通, 突发闪存地址有效 (ADV#)
EXT- SDCS#	M	O	SDRAM 行地址选通
EXT-SDCLK[1:0]	M	O	SDCLK0 用于异步存储器和突发闪存, SDCLK1 用于 SDRAM
EXT-SDCKE	M	O	SDCLK 使能
EXT-RDY	M	I	等待突发闪光的信号
EXT-PWE#	M	O	VLIO 设备写使能

7.3.3 Register 接口

表 7-6 所示是存储控制器的软件编程接口, 主要用于配置存储控制器的工作状态。

表 7-6 存储控制器的软件编程接口

地 址	寄 存 器	描 述
0x4800_0000	Reserved	Reserved
0x4800_0000	MDCNFG	SDRAM 配置寄存器
0x4800_0004	MDREFR	SDRAM 刷新控制寄存器
0x4800_0008	MSC0	静态存储器控制寄存器 0
0x4800_000C	MSC1	静态存储器控制寄存器 1
0x4800_0010	MSC2	静态存储器控制寄存器 2
0x4800_0014	Reserved	保持
0x4800_0018	Reserved	保持
0x4800_001C	SXCNFG	同步静态存储器控制寄存器
0x4800_0040	MDMRS	要写入 SDRAM 的 MRS 值
0x4800_0044	Reserved	保持
0x4800_0048	Reserved	保持
0x4800_004C	BSCNTR0	系统存储器输出缓冲器的晶体管缓冲器强度
0x4800_0050	BSCNTR1	系统存储器输出缓冲器的晶体管缓冲器强度
0x4800_0054	Reserved	Reserved
0x4800_0058	MDMRSLP	要写入 SDRAM 的特殊低功耗 RMS 值
0x4800_005C	BSCNTR2	系统存储器输出缓冲器的晶体管缓冲器强度
0x4800_0060	BSCNTR3	系统存储器输出缓冲器的晶体管缓冲器强度

内存控制器

7.4 Clock 器件设计

7.4.1 电路原理设计

由于数字芯片基本上都是通过时钟来驱动运行的，时钟（Clock）器件在芯片中起到了驱动作用。不同的部件需要不同速度的时钟，因此需要把外部晶振提供的时钟，转换成各种不同频率的时钟信号，以满足不同部件对时钟频率的需求。

如图 7-7 所示，将 2 个外部晶振（1 个 32.768 kHz，1 个 3.6864 MHz）进行变换，形成各种不同的频率。例如，提供给 RTC 的频率是 32.768 kHz，提供给 PWM 的频率是 3.6864 MHz，提供给 USB 的频率是 47.923 MHz，提供给 UART 的频率是14.746 MHz，提供给 CPU 的频率是 400 MHz。

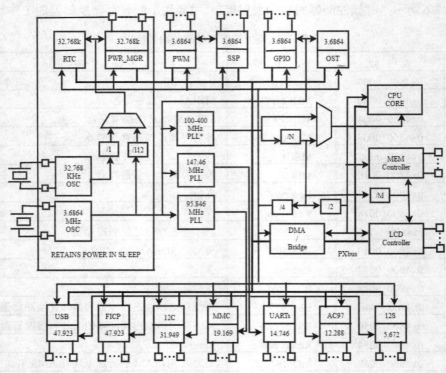

图 7-7 外部晶振频率转换举例

7.4.2 引脚接口

如表 7-7 所示，引脚接口是芯片外设的对外接口，即硬件接口，它可以给芯片外部的其他外部器件提供时钟信号。

表 7-7　引脚接口

引 脚 名 称	数字/模拟	输入/输出	描　　述
VCXO_ON	D	O	VCXO_ON 是使电源管理 IC 为 VCXO 供电的信号
VCXO	D	I	13 MHz 系统时钟
OSC_32KHZ_IN	D	I	32 kHz 时钟输入
OSC_32KHZ_OUT	D	O	32 kHz 时钟输出

7.4.3 Register 接口

同样，这些时钟的具体频率也可以通过软件进行编程和控制，其接口即为表 7-8 所列寄存器。

表 7-8　寄存器

地　　址	寄存器名称	描　　述
Oh 9001 0000	RTAR	实时时钟闹钟寄存器
Oh 9001 0004	RCNR	实时时钟计数寄存器
Oh 9001 0008	RTTR	实时时钟修整寄存器
Oh 9001 0010	RTSR	实时时钟状态寄存器

7.5　Interrupt Controller 设计

前面介绍芯片中各个部件是通过不同频率的时钟驱动，并行运行的。每个部件都有可能存在某些操作需要 CPU 的介入，这个介入就叫作中断。

7.5.1 电路原理设计

由于每个部件都是独立工作的，它们都有可能会接收数据，需要 CPU 来处理，因此必须有一种机制可以通知 CPU，那就是中断。

对于 CPU 而言，每产生一个中断，就表示有部件需要 CPU 处理了。为了标识是哪个部件需要处理，需要对每个部件进行编号。故此 CPU 一旦收到某个编号的中断，就知道是哪个部件需要 CPU 来进行处理了。

Interrupt Controller（中断控制器）内部结构如图 7-8 所示。左侧是寄存器，用于软件来访问获取是哪个部件有 CPU 的处理需求。上侧是部件的中断信号来源，用不同的线表示不同的部件。右侧是中断信号，连接到 CPU，告诉 CPU 有中断产生。

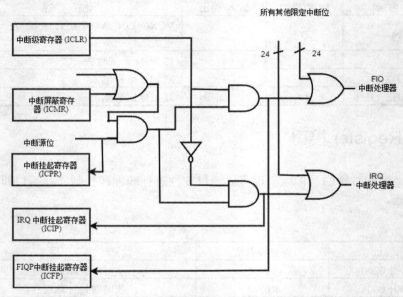

图 7-8　中断控制器内部结构

通过这种结构，CPU 可以识别出中断来自哪个部件。

7.5.2　引脚接口

依据图 7-8 可知，该部件有如表 7-9 所示引脚。这些引脚同样都在芯片内部，不会外露到芯片外部。

表 7-9　引脚

引　　脚	数　　量	连接的部件
部件中断线	24+24 根	用于连接各个部件的中断信号引脚
CPU 中断线	1+1 根	用于连接 CPU 的中断信号引脚

7.5.3　Register 接口

　　表 7-10 所示是中断部件的软件编程接口。CPU 收到中断信号后，会自动触发跳转到中断向量表的地方去调用对应的中断处理函数（软件），这样，该软件即可通过读取以下寄存器来触发相关的软件处理。

表 7-10　中断部件的软件编程接口

	地　　　址	寄存器名称	描　　　述
中断控制器	0x40D0_0000	Reserved	Reserved
	0x40D0_0000	ICIP	中断控制器 IRQ 待处理寄存器（R）
	0x40D0_0004	ICMR	中断控制器屏蔽寄存器（读/写）
	0x40D0_0008	ICLR	中断控制器电平寄存器（读/写）
	0x40D0_000C	ICFP	中断控制器 FIQ 待处理寄存器（R）
	0x40D0_0010	ICPR	中断控制器暂挂寄存器（R）
	0x40D0_0014	ICCR	中断控制器控制寄存器（R / W）
	0x40D0_0018	ICHP	中断控制器最高优先级寄存器（R）
	0x40D0_001C-0x40D0_0098	IPR0-IPR31	中断权限寄存器 0 到 31（读/写）

7.6　Internal Memory 器件设计

7.6.1　电路原理设计

　　作为 SoC，为了缩小硬件板卡尺寸，一般我们会最大限度地集成存储设备到芯片内部。这样的集成度更高，整体硬件板卡面积会更小；另外，由于外部引脚也同时随之变成了内部连线，稳定性也会相应提高。故此我们会在芯片内部设计内存和 Flash，如图 7-9 所示。

　　当然，存储内部化也是有缺点的，那就是灵活度下降。如果存储设备在外部，我们可以选配各种大小的存储设备；而如果设计在芯片内部，其存储大小就是确定的，不能再修改了。如果存储容量不足，需要连接外部存储设备，那么放在内部的优势就不明显了。

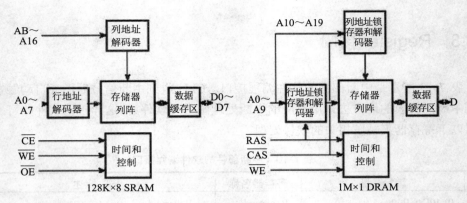

图 7-9　存储器

7.6.2　引脚接口

存储设备作为典型的高速设备，一般直接连接在 AHB（ASB）总线上，这些引脚都在芯片内部，不会外露到芯片外部，如表 7-11 所示。

表 7-11　引脚接口

引　　脚	数　　量	连接的部件
AHB（ASB）	依据存储大小确定连线数量	用于 AHB（ASB）总线

7.6.3　Register 接口

存储设备一般没有软件编程接口。

7.7　DMA 器件设计

DMA 用于在内存和器件之间的高速数据传输，相对于通过 CPU 的一个数一个数的慢速传输，它是无须 CPU 参与的按数组的传输，适合传输高速数据。

7.7.1　电路原理设计

DMA 既可以指内存和外设直接存取数据这种内存访问的计算机技术，又可以指实现该技术的硬件模块（对于 PC 而言，DMA 控制逻辑由 CPU 和 DMA 控制接口逻辑芯片共同组成，嵌入式系统的 DMA 控制器在处理器芯片内部，一般称为 DMA 控制器，即 DMAC）。

一个 DMA 控制器实际上是采用 DMA 方式的外围设备与系统总线之间的接口电路，这个接口在中断接口的基础上添加了 DMA 部分，如图 7-10 所示。

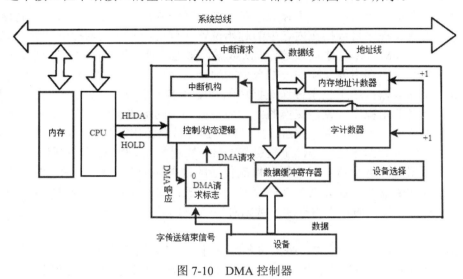

图 7-10   DMA 控制器

7.7.2   引脚接口

一般而言，DMA 控制器将包括一条地址总线、一条数据总线和控制寄存器。高效率的 DMA 控制器将具有访问其所需要的任意资源的能力，而无须处理器本身的介入，它必须能产生中断。最后，它必须能在控制器内部计算出地址。

一个处理器可以包含多个 DMA 控制器。每个控制器有多个 DMA 通道，以及多条直接与存储器站（memory bank）和外设连接的总线。在很多高性能处理器中集成了两种类型的 DMA 控制器。第一类通常称为 "系统 DMA 控制器"，可以实现对任意资源（外设和存储器）的访问，对于这种类型的控制器来说，信号周期是以系统时钟（SCLK）来计数的，以 ADI 的 Blackfin 处理器为例，频率最高可达 133 MHz。第二类称为内部存储器 DMA 控制器（IMDMA），专门用于内部存储器所在地址之间的相互存取操作。因为存取都发生在内部 （L1−L1、L1−L2 或者 L2−L2），周期数的计数则以内核时钟（CCLK）为基准来进行。DMA 作为典型的高速设备，一般连接在

AHB（ASB）总线上，这些引脚都在芯片内部，不会外露到芯片外部。

7.7.3　Register 接口

DMA 寄存器一般分为如下 6 种。

❑　内存地址计数器：用于存放内存中要交换的数据的地址。在 DMA 传送前，须通过程序将数据在内存中的起始位置（首地址）送到内存地址计数器中。而当 DMA 传送时，每交换一次数据，将地址计数器加"1"，从而以增量方式给出内存中要交换的一批数据的地址。

❑　字计数器：用于记录传送数据块的长度（多少字数）。其内容也是在数据传送之前由程序预置，交换的字数通常以补码的形式表示。在 DMA 传送时，每传送一个字，字计数器就加"1"。当计数器溢出即最高位产生进位时，表示这批数据传送完毕，于是引起 DMA 控制器向 CPU 发出中断信号。

❑　数据缓冲寄存器：用于暂存每次传送的数据（一个字）。当输入时，由设备（如磁盘）送往数据缓冲寄存器，再由缓冲寄存器通过数据总线送到内存。反之，输出时，由内存通过数据总线送到数据缓冲寄存器中，然后再传送到设备。

❑　"DMA 请求"标志：每当设备准备好一个数据字后给出一个控制信号，使"DMA 请求"标志置"1"。该标志置位后向"控制/状态"逻辑发出 DMA 请求，后者又向 CPU 发出总线使用权的请求（HOLD），CPU 响应此请求后发回响应信号 HLDA，"控制/状态"逻辑接收此信号后发出 DMA 响应信号，使"DMA 请求"标志复位，为交换下一个字做好准备。

❑　"控制/状态"逻辑：由控制和时序电路以及状态标志等组成，用于修改内存地址计数器和字计数器，指定传送类型（输入或输出），并对"DMA 请求"信号和 CPU 响应信号进行协调和同步。

❑　中断机构：当字计数器溢出时，意味着一组数据交换完毕，由溢出信号触发中断机构，向 CPU 提出中断报告。

DMA 寄存器如表 7-12 所示。

表 7-12　DMA 寄存器

寄 存 器	描 述
Next Descriptor Pointer（lower 16 bit）	下一个描述符的地址
Next Descriptor Pointer（higher 16 bit）	下一个描述符的地址
Start Address（lower 16 bit）	起始地址（源端或目标端）
Start Address（higher 16 bit）	起始地址（源端或目标端）

寄 存 器	描 述
DMA Configuration	控制信息（启用、中断，ID vs 2D）
X Count	内循环的传输次数
X Modify	内循环每次传输之间跨越的字节数
Y Count	外循环中的传输次数
Y Modify	内循环结束和外循环开始之间的字节数

真实 DMA 寄存器举例如表 7-13 所示。

表 7-13　真实 DMA 寄存器举例

	地　　址	寄存器名称	描　　述
	0x4000_0000	Reserved	Reserved
	0x4000_000	DCSR0	通道 0 的 DMA 控制/状态寄存器
	0x4000_0004	DCSR1	通道 1 的 DMA 控制/状态寄存器
	0x4000_0008	DCSR2	通道 2 的 DMA 控制/状态寄存器
	0x4000_00A0	DALGN	DAM 对齐寄存器
	0x4000_00F0	DINT	DAM 中断寄存器
	0x4000_0100	DRCMR0	请求频道映射注册来源 0
	0x4000_0104	DRCMR1	请求渠道映射注册 source1
	0x4000_0108	DRCMR2	请求渠道映射注册 source2
	0x4000_0200	DDADR0	DMA 描述符地址寄存器通道 0
DAM 控制器	0x4000_0204	DSADR0	DMA 描述符地址寄存器通道 0
	0x4000_0208	DTADR0	DMA 描述符地址寄存器通道 0
	0x4000_020C	DCMD0	DAM 命令地址寄存器通道 0
	0x4000_0210	DDADR1	DAM 描述符地址寄存器通道 1
	0x4000_0214	DSADR1	DAM 源地址寄存器 Channel1
	0x4000_0218	DTADR1	DAM 目标地址寄存器 Channel1
	0x4000_021C	DCMD1	DAM 命令地址寄存器 Channel1
	0x4000_0220	DDADR2	DAM 描述符地址寄存器通道 3
	0x4000_0224	DSADR2	DAM 源地址寄存器通道 2
	0x4000_0228	DTADR2	DAM 目标地址寄存器通道 2
	0x4000_022C	DCMD2	DAM 命令地址寄存器通道 2
	0x4000_0230	DDADR3	DAM 描述符地址寄存器通道 3

7.8 USB Controller 器件设计

由于很多外部器件是通过 USB 接口来进行通信的，故此需要由 USB 控制器 USB（Controller）器件来和外部 USB 设备进行通信。

7.8.1 电路原理设计

USB 2.0 控制器结构框图如图 7-11 所示。控制器主要由两个部分组成，其一为与外设的接口，另一个是内部协议层逻辑 PL（Protocol Layer）。内部存储器仲裁器实现对内部 DMA 和外部总线对存储器访问之间的仲裁，PL 则实现 USB 的数据 I/O 和控制。

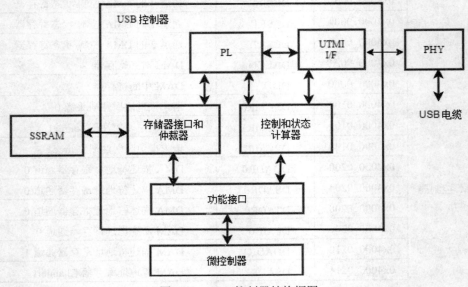

图 7-11　USB 控制器结构框图

7.8.2 引脚接口

USB 接口有 3 种：一种是与微控制器之间的功能接口；一种是与单口同步静态存储器（SSRAM）之间的接口；另外一种是与物理层之间的接口。这里符合 UTMI（USB Transceiver Macrocell Interface）规范定义，如表 7-14 所示。

表 7-14 USB 接口

接 口 名 称	数字/模拟	输入/输出	描　　述
USB+	D	I/O	差分对的 USB 正引脚
USB−	D	I/O	差分对的 USB 负极引脚

7.8.3 Register 接口

USB 规范规定了 USB 存在多种传输模式，以及一系列操作，其对应的寄存器如表 7-15 所示。

表 7-15 USB 多种传输模式下所对应的寄存器

	地　　址	寄存器名称	描　　述
	0x40600_0000	Reserved	Reserved
	0x40600_0000	UDDR1	UDC 端点 1 数据寄存器
	0x40600_0080	UDDR0	UDC 端点 0 数据寄存器
	0x40600_00A0	UDDR5	UDC 端点 5 数据寄存器
	0x40600_0100	UDDR6	UDC 端点 6 数据寄存器
	0x40600_0180	UDDR3	UDC 端点 3 数据寄存器
	0x40600_0400	UDCCR	UDC 控制寄存器
	0x40600_0410	UDCCS0	UDC 端点 0 控制/状态寄存器
	0x40600_0414	UDCCS1	UDC 端点 1（IN）控制/状态寄存器
	0x40600_0418	UDCCS2	UDC 端点 2（OUT）控制/状态寄存器
USB	0x40600_041C	UDCCS3	UDC 端点 3（IN）控制/状态寄存器
	0x40600_0420	UDCCS4	UDC 端点 4（OUT）控制/状态寄存器
	0x40600_0424	UDCCS5	UDC 端点 5（中断）控制/状态寄存器
	0x40600_0428	UDCCS6	UDC 端点 6（IN）控制/状态寄存器
	0x40600_042C	UDCCS7	UDC 端点 7（OUT）控制/状态寄存器
	0x40600_0450	UICR0	UDC 中断控制寄存器 0
	0x40600_0458	UISR0	UDC 状态控制寄存器 0
	0x40600_0460	UFNHR	UDC 帧号寄存器高
	0x40600_0464	UFNLR	UDC 字节计数寄存器 2
	0x40600_0468	UBCR2	UDC 字节计数寄存器 2
	0x40600_046C	UBCR4	UDC 字节计数寄存器 4
	0x40600_0470	UBCR7	UDC 字节计数寄存器 7

地　　址	寄存器名称	描　　述
0x40600_0474	Reserved	保持
0x40600_0800	UDDR2	UDC 端点 2 数据寄存器
0x40600_0900	UDDR7	UDC 端点 7 数据寄存器
0x40600_0980	UDDR4	UDC 端点 4 数据寄存器

USB（对应上表左侧列）

7.9　GPIO 器件设计

GPIO 可以对外提供高、低电平信号的读写机制，是芯片内部和外部进行交互的最简单方式。

7.9.1　电路原理设计

General Purpose Input Output（通用输入/输出）简称为 GPIO。当微控制器或芯片组没有足够的 I/O 端口，或当系统需要采用远端串行通信或控制时，GPIO 能够提供额外的控制和监视功能。

GPIO 的基本电路原理如图 7-12 所示。

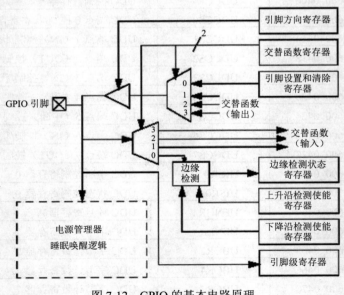

图 7-12　GPIO 的基本电路原理

7.9.2 引脚接口

每个 GPIO 都是一个引脚。通常一颗芯片有多个 GPIO 引脚，如表 7-16 所示。

表 7-16　引脚接口举例

引 脚 名 称	数字/模拟	输入/输出	描　　述
GPIO 63:62，60，57:0	D	I/O	通用 I/O（内部使用 GPIO 58，59，61）

7.9.3 Register 接口

每个 GPIO 都有各自的寄存器，其中一个 GPIO 的寄存器大致如表 7-17 所示。

表 7-17　GPIO 的寄存器

地　　址	寄存器名称	描　　述
0h 9004 0000	GPLR	GPIO 引脚电平寄存器
0h 9004 0004	GPDR	GPIO 引脚方向寄存器
0h 9004 0008	GPSR	GPIO 引脚输出设置寄存器
0h 9004 000C	GPCR	GPIO 引脚输出清除寄存器
0h 9004 0010	GRER	GPIO 上升沿寄存器
0h 9004 0014	GFER	GPIO 下降沿寄存器
0h 9004 0018	GEDR	GPIO 边缘检测状态寄存器
0h 9004 001C	GAFR	GPIO 备用功能寄存器

7.10　FIFO 器件设计

7.10.1 电路原理设计

异步 FIFO 相当于一个双端口的 RAM，一个端口只能写数据，另一个端口只能读数据。同时读写数据必须按照存储器地址的递增或者递减顺序进行。

异步 FIFO 的原理图如图 7-13 所示，它由 4 个部分组成。其内部存储器一般采用双端口 RAM，输入/输出具有两套数据线，独立的读写地址指针在读写时钟的控制下顺序地从双口 RAM 读写数据，如图 7-13（a）所示。用写时钟把数据放入双口 RAM，用读时钟从中读取，如图 7-13（b）所示；同时根据 FIFO 中的空/满标志来判断何时可以把数据写入 FIFO 或从 FIFO 中读出，如图 7-13（c）所示。这样就可以把写数据和读数据分开，使整个系统分为完全独立的时钟域，实现异步 FIFO 的功能如图 7-13（d）所示。

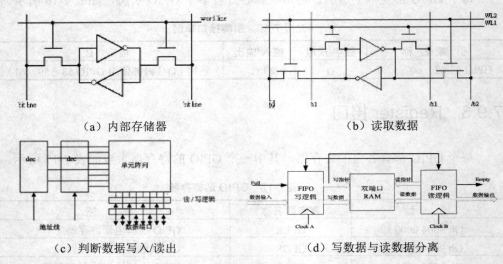

（a）内部存储器　　　　　　　　　　　（b）读取数据

（c）判断数据写入/读出　　　　　　　　（d）写数据与读数据分离

图 7-13　异步 FIFO 的原理图

7.10.2　引脚接口

由于 FIFO 属于芯片内部模块，故此没有外置引脚接口。

7.10.3　Register 接口

FIFO 的寄存器如表 7-18 所示。

表 7-18　FIFO 的寄存器

	地　　　址	寄存器名称	描　　　述
FIFO	0x4160_0010	FCR	FIFO 控制（R / W）
	0x4160_0014	FSR	FIFO 状态（只读）

第 *8* 章

数字设计——AI 协处理器设计

本章主要讲解 AI 协处理器的设计，这是本书区别于其他 SoC 芯片设计书籍的重要章节。AI 处理器的设计与原来的处理器有着本质区别。本章首先介绍 AI 协处理器的工作原理以及 AI 的适用范围，然后着重介绍 AI 的主要算法性能分析、AI 芯片的架构设计、AI 训练的步骤，最后介绍警用机器人中为什么要使用 AI 芯片。

8.1　AI 协处理器工作原理

AI 协处理器的工作原理从本质上讲，是一种综合打分法。本节将详细介绍综合打分法以及 AI 芯片的适用范围。

8.1.1　AI 综合打分法

要理解什么是 AI，就必须理解什么是综合打分法。所谓综合打分法，对一个事物的评价是通过一系列的多个指标进行综合打分评估的结果。

例如，中国移动集中采购招标，采用的就是综合打分法。具体如下：每个投标人的综合总得分由商务得分（满分 100 分）、技术得分（满分 100 分）、价格得分（满分 100 分）3 部分组成，其中商务得分占比 10%，技术得分占比 40%，价格得分占比 50%，综合得分=商务得分×10%+技术得分×40%+价格得分×50%

商务得分的详细评分标准如表 8-1 所示。

表 8-1 商务得分的详细评分标准

序号	评审项	评审标准	份数	备注
1	注册资金	营业执照注册资金（人民币或等值外币） （1）2000（含）万元～5000 万元，得 10 分； （2）5000（含）万元～10000 万元，得 20 分； （3）10000（含）万元以上，得 30 分	30	提供营业执照复印件
2	企业管理认证	制造商提供以下相关证明文件： （1）具备 ISO 9000 族质量管理体系认证证书，得 10 分； （2）具备 ISO 14000 族质量管理体系认证证书，得 10 分； （3）具备企业资信（银行或第三方信用评级机构出具的）AAA 级及以上，得 10 分	30	提供证书复印件
3	本地化服务机构	已设置浙江省内本地化售后服务机构的得 20 分，承诺中标后 1 个月内设置浙江省内本地化售后服务机构的得 10 分，其余得 0 分	20	提供房屋产权证或房屋租赁合同，或注册地在浙江省内的工商注册登记证明文件
4	投标文件质量	投标文件完全按照招标文件要求的格式、内容等要求，制作规范、应答全面得 20 分，发现一处不规范不全面酌情扣 2～5 分，扣完为止	20	
合计			100	

技术评审具体评分细则如表 8-2 所示。

表 8-2 技术评审具体评分细则

序号	评审项目	评审细项	评审标准	分值	评审依据
1	产品技术要求（80 分）	GSM 家庭级 Femto（12 分）	GSM 家庭级 Femto 支持语音起呼成功率： （1）起呼成功率≥98%，得 6 分； （2）98%＞起呼成功率≥96%，得 4 分； （3）96%＞起呼成功率≥90%，得 2 分； （4）起呼成功率＜90%，得 0 分	6	样品测试结构
2			GSM 家庭级 FemtoPS 业务 PDP 激活成功率： （1）PDP 激活成功率≥98%，得 6 分； （2）98%＞PDP 激活成功率≥95%，得 4 分； （3）95%＞PDP 激活成功率≥90%，得 2 分； （4）PDP 激活成功率＜90%，得 0 分	6	

序号	评审项目	评审细项	评审标准	分值	评审依据
3	产品技术要求（80 分）	GSM 双模企业级 Femto（26 分）	FTP 业务上下行吞吐率均值： （1）下行吞吐率均值≥80 Mbps 且上行吞吐率均值≥8 Mbps，得 10 分； （2）下行吞吐率均值≥70 Mbps 且上行吞吐率均值≥7 Mbps，得 8 分； （4）下行吞吐率均值≥60 Mbps 且上行吞吐率均值≥6 Mbps，得 5 分； （4）下行吞吐率均值<60 Mbps 或上行吞吐率均值<6 Mbps，得 0 分	10	样品测试结构
4			GSM 双模企业级 Femto 支持 CSFB 语音起呼成功率： （1）起呼成功率≥98%，得 8 分； （2）98%>起呼成功率≥96%，得 6 分； （3）96%>起呼成功率≥90%，得 4 分； （4）起呼成功率<90%，得 0 分	8	
5			GSM 双模扩展型企业级 Femto 支持 VOLTE 语音起呼成功率： （1）起呼成功率≥98%，得 8 分； （2）98%>起呼成功率≥96%，得 6 分； （3）96%>起呼成功率≥90%，得 4 分； （4）起呼成功率<90%，得 0 分	8	
6		GSM 双模扩展型企业级 Femto（10 分）	FTP 业务下，上下行吞吐率均值： （1）下行吞吐率均值≥80 Mbps 且上行吞吐率均值≥8 Mbps，得 10 分； （2）下行吞吐率均值≥70 Mbps 且上行吞吐率均值≥7 Mbps，得 8 分； （3）下行吞吐率均值≥60 Mbps 且上行吞吐率均值≥6 Mbps，得 5 分； （4）下行吞吐率均值<60 Mbps 或上行吞吐率均值<6 Mbps，得 0 分	10	
7		GSM 拉远企业级 Femto（32 分）	GSM 双模扩展型 Femto 支持 CSFB 语音起呼成功率： （1）起呼成功率≥98%，得 8 分； （2）98%>起呼成功率≥96%，得 6 分； （3）96%>起呼成功率≥90%，得 4 分； （4）起呼成功率<90%，得 0 分	8	

序号	评审项目	评审细项	评审标准	分值	评审依据
8	产品技术要求（80分）	GSM 拉远企业级 Femto（32分）	GSM 双模扩展型 Femto 支持 VOLTE 语音起呼成功率： （1）起呼成功率≥98%，得 8 分； （2）98%>起呼成功率≥96%，得 6 分； （3）96%>起呼成功率≥90%，得 4 分； （4）起呼成功率<90%，得 0 分	8	样品测试结构
9			GSM 拉远企业级 Femto 支持语音起呼成功率： （1）起呼成功率≥98%，得 8 分； （2）98%>起呼成功率≥96%，得 6 分； （3）96%>起呼成功率≥90%，得 4 分； （4）起呼成功率<90%，得 0 分	8	
10			GSM 拉远企业级 Femto PS 业务 PDP 激活成功率： （1）PDP 激活成功率≥98%，得 8 分； （2）98%>PDP 激活成功率≥96%，得 6 分； （3）96%>PDP 激活成功率≥90%，得 4 分； （4）PDP 激活成功率<90%，得 0 分	8	
11	其余技术条款点对点应答（10分）		其余技术条款（除标明可选项和上述测试评审项外）应答一项不满足扣 2 分，标明可选项的技术条款应答一项不满足扣 1 分，扣完为止	10	技术应答
12	产品使用成熟性（10分）		提供省市级通信运营商 Femto 产品使用报告，须加盖省市级通信运营商网络使用部门公章，使用报告须有使用结论，且结论应为良好及以上，同一省或市只能提供 1 份。同时提供甲方证明人及联系电话，以供核实。 （1）盖章报告≥10 份，得 10 分； （2）10 份>盖章报告≥5 份，得 7 分； （3）5 份>盖章报告≥1 份，得 4 分； （4）盖章报告<1 份，得 0 分。	10	证明材料
			合计	100	

综合得分的计算过程如下。

❑ 首先分成两个步骤进行打分。先是单项打分汇总成商务分、技术分、价格分。

❑ 最后把商务分、技术分、价格分折算成综合分。

AI（神经网络）从本质上讲也是一种综合打分法，只是打分公式（见图 8-1）有所不同。

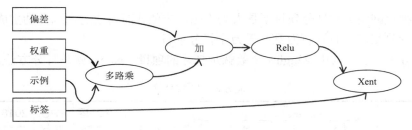

图8-1　AI打分公式

打分流程及其反馈学习流程有很多种，具体如图8-2所示。

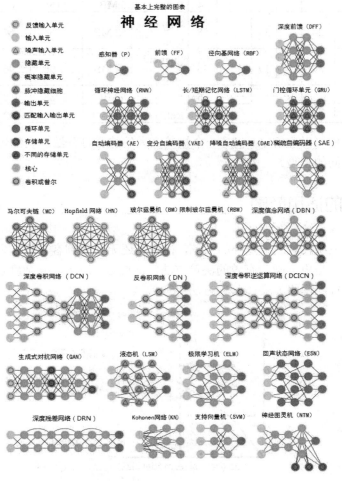

图8-2　打分流程及其反馈学习流程的种类

AI（神经网络）的打分项目不是人为事先确定的，而是通过训练自动生成的，并且打分的项目很多，有几百万到几千万个打分项目。

如表 8-3 所示，其中 Weights 个数就是打分的项目，Name 就是打分方法。

表 8-3　AI 打分法

名称	LOC	Layers					非线性函数	权重	TPU 运算量/重量字节	TPU 批次大小	2016 年 7 月已部署 TPU 的百分比
		FC	转换	向量	Pool	总计					
MLP0	100	5				5	ReLU	20 MB	200	200	61
MLP1	1000	4				4	ReLU	5 MB	168	168	
LSTM0	1000	24		34		58	Sigmoid, tanh	52 MB	64	64	29
LSTM1	1500	37		19		56	Sigmoid, tanh	34 MB	96	96	
CNN0	1000		16			16	ReLU	8 MB	2888	8	5
CNN1	1000	4	72		13	89	ReLU	100 MB	1750	32	

所以，我们可以理解 AI 就是一个极其庞大的综合打分法。它的评分公式、打分流程有多种不同的模型。

8.1.2　AI 的适用范围

现有研究表明，对过于复杂的系统，在人类还无法找到客观规律之前，综合打分法（神经网络）是更准确、有效的决策方法。如图 8-3 所示，复杂度超过一定程度，综合打分法（神经网络）会比其他方法更加精确。

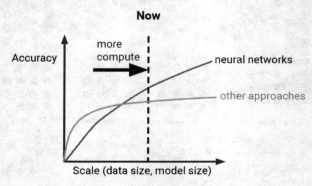

图 8-3　综合打分法与其他方法准确度比较

目前，综合打分法（神经网络）在图像实时像素级分割上已经有比较成功的应用。但是更要意识到其局限性——在决策规划方面，深度学习是个"黑匣子"，以自动驾驶为例，一旦出现事故难以查明原因，只能继续积累负样本量，但每次负样本都意味着一次交通事故或隐患。因此，在决策规划环节，我们首先强制规定与安全有关的动作，此外再用深度学习优化乘坐舒适性。

一般而言，对于世界规律的掌握，我们有两种表述方法——科学方法和 AI 方法，如表 8-4 所示。

范　畴	科　学　方　法	AI 方法
输入参数	相对较少	很多
对应关系	$y_1=F_1(x_1, x_2, x_3, ...)$; $y_2=F_2(x_1, x_2, x_3, ...)$; ...	综合打分法（神经网络）的一亿个权重参数
输出参数	$y_1, y_2, ...$	$y_1, y_2, ...$
对应关系来源	科学实验、理论分析、数据模型	实在找不到关系，用训练的方法解决

8.2　AI 的主要算法性能分析

推理环节指利用训练好的模型，使用新的数据去"推理"出各种结论，如视频监控设备通过后台的深度神经网络模型，判断一张抓拍到的人脸是否属于黑名单。虽然推理（inference）的计算量相比训练（training）少很多，但仍然涉及大量的矩阵运算。在推理环节，GPU、FPGA 和 ASIC 都有很多应用价值。

从应用场景来看，可以分成 Cloud/DataCenter（云端）和 Device/Embedded（设备端）两大类。

在深度学习的训练阶段，由于对数据量及运算量需求巨大，单一处理器几乎不可能独立完成一个模型的训练过程，因此，训练环节目前只能在云端实现，在设备端做训练目前还不是很明确的需求。

在推理阶段，由于目前训练出来的深度神经网络模型大多仍非常复杂，其推理过程仍然是计算密集型和存储密集型的，若部署到资源有限的终端用户设备上难度很大，因此，云端推理目前在人工智能应用中需求更为明显。GPU、FPGA、ASIC（Google TPU 1.0/2.0）等都已应用于云端推理环境。在设备端推理领域，由于智能终端数量庞大且需求差异较大，如 ADAS、VR 等设备对实时性要求很高，推理过程不能交由云

第 8 章　数字设计——AI 协处理器设计

端完成，要求终端设备本身需要具备足够的推理计算能力，因此一些低功耗、低延迟、低成本的专用芯片也会有很大的市场需求。

AI 芯片从技术架构发展来看，大致也可以分为 4 个类型。

- 通用类芯片，如 GPU、FPGA。
- 基于 FPGA 的半定制化芯片，如深鉴科技 DPU、百度 XPU 等。
- 全定制化 ASIC 芯片，如 TPU、寒武纪 Cambricon-1A 等。
- 类脑计算芯片，如 IBM TrueNorth、westwell、高通 Zeroth 等。

AI 芯片的市场格局大致如下。

1. 训练芯片

2007 年以前，人工智能研究受限于当时算法、数据等因素，对于芯片并没有特别强烈的需求，通用的 CPU 芯片即可提供足够的计算能力。Andrew Ng 和 Jeff Dean 打造的谷歌大脑（Google Brain）项目，使用包含 16000 个 CPU 核的并行计算平台，训练超过 10 亿个神经元的深度神经网络。但 CPU 的串行结构并不适用于深度学习所需的海量数据运算需求，用 CPU 做深度学习训练效率很低，在早期使用深度学习算法进行语音识别的模型中，拥有 429 个神经元的输入层，整个网络拥有 156 MB 个参数，训练时间超过 75 天。

与 CPU 少量的逻辑运算单元相比，GPU 整个就是一个庞大的计算矩阵，GPU 具有数以千计的计算核心，可实现 10～100 倍应用吞吐量，而且它还支持对深度学习至关重要的并行计算能力，大大加快了训练过程。

在内部结构上，CPU 中 70%的晶体管都用来构建 Cache（高速缓冲存储器）和一部分控制单元，负责逻辑运算的部分（ALU 模块）并不多，指令执行是一条接一条的串行过程。GPU 由并行计算单元、控制单元以及存储单元构成，拥有大量的核（多达几千个）和大量的高速内存，擅长做类似图像处理的并行计算，以矩阵的分布式形式来实现计算。同 CPU 不同的是，GPU 的计算单元明显增多，特别适合大规模并行计算。

在人工智能的通用计算 GPU 市场，NVIDIA 现在一家独大。2010 年，NVIDIA 就开始布局人工智能产品，2014 年发布了新一代 Pascal GPU 芯片架构，这是 NVIDIA 的第五代 GPU 架构，也是首个为深度学习而设计的 GPU，它支持所有主流的深度学习计算框架。2016 年上半年，NVIDIA 又针对神经网络训练过程推出了基于 Pascal 架构的 Tesla P100 芯片以及相应的超级计算机 DGX-1。DGX-1 包含 Tesla P100 GPU 加速器，采用 NVLink 互连技术，软件堆栈包含主要深度学习框架、深度学习 SDK、DIGITS GPU 训练系统、驱动程序和 CUDA，能够快速设计深度神经网络（DNN），拥有高达 170 TFLOPS 的半精度浮点运算能力，相当于 250 台传统服务器，可以将深度学习的训练速度加快 75 倍，将 CPU 性能提升 56 倍。

训练市场目前能与 NVIDIA 竞争的就是 Google。TPU（Tensor Processing Unit）是 Google 研发的一款针对深度学习加速的 ASIC 芯片，第一代 TPU 仅能用于推理，而第二代 TPU 2.0 既可以用于训练神经网络，又可以用于推理。TPU 2.0 包括了 4 个芯片，每秒可处理 180 万亿次浮点运算。Google 还找到一种方法，使用新的计算机网络将 64 个 TPU 组合到一起，升级为所谓的 TPU Pods，可提供大约 11500 万亿次浮点运算能力。Google 表示，公司新的深度学习翻译模型如果在 32 块性能最好的 GPU 上训练，需要一整天的时间，而八分之一个 TPU Pod 就能在 6 个小时内完成同样的任务。目前 Google 并不直接出售 TPU 芯片，而是结合其开源深度学习框架 TensorFlow 为 AI 开发者提供 TPU 云加速的服务，以此发展 TPU 2 的应用和生态，比如与 TPU 2 同时发布的 TensorFlow Research Cloud （TFRC） 。

除上述两家之外，传统 CPU/GPU 厂家 Intel 和 AMD 也在努力进入训练芯片市场，如 Intel 推出的 Xeon Phi+Nervana 方案，AMD 的下一代 VEGA 架构 GPU 芯片等，但从目前市场进展来看，很难对 NVIDIA 构成威胁。初创公司中，Graphcore 的 IPU 处理器（Intelligence Processing Unit）据介绍也同时支持训练和推理。该 IPU 采用同构多核架构，有超过 1000 个独立的处理器；支持 All-to-All 的核间通信，采用 Bulk Synchronous Parallel 的同步计算模型；采用大量片上 Memory，不直接连接 DRAM。

总之，对于云端的训练（也包括推理）系统来说，业界比较一致的观点是竞争的核心不是在单一芯片的层面，而是整个软硬件生态的搭建。NVIDIA 的 CUDA+GPU、Google 的 TensorFlow+TPU 2.0，巨头的竞争也才刚刚开始。

2. 推理芯片

相对于训练芯片市场上 NVIDIA 的一家独大，推理芯片市场竞争则更为分散。若像业界所说的深度学习市场占比（训练占 5%，推理占 95%），推理芯片市场竞争必然会更为激烈。

在推理环节，虽然 GPU 仍有应用，但并不是最优选择，更多的是采用异构计算方案（CPU/GPU+FPGA/ASIC）来完成云端推理任务。在 FPGA 领域，四大厂商（Xilinx/Altera/Lattice/Microsemi）中的 Xilinx 和 Altera（被 Intel 收购）在云端加速领域优势明显。Altera 在 2015 年 12 月被 Intel 收购，随后推出了 Xeon+FPGA 云端方案，同时与 Azure、腾讯云、阿里云等均有合作；Xilinx 则与 IBM、百度云、AWS、腾讯云合作较深入，另外 Xilinx 还战略投资了国内 AI 芯片初创公司深鉴科技。目前来看，云端加速领域其他 FPGA 厂商与 Xilinx 和 Altera 还有很大差距。

华为 2018 年 9 月发布的麒麟 970 AI 芯片就搭载了神经网络处理器 NPU（寒武纪

IP）。麒麟 970 采用了 TSMC 10 nm 工艺制程，拥有 55 亿个晶体管，功耗相比上一代芯片降低 20%。CPU 架构方面为 4 核 A73+4 核 A53 组成 8 核心，能耗同比上一代芯片得到 20%的提升；GPU 方面采用了 12 核 Mali-G72 MP 12 GPU，在图形处理以及能效两项关键指标方面分别提升 20%和 50%；NPU 采用 HiAI 移动计算架构，在 FP16 下提供的运算性能可以达到 1.92 TFLOPS，相比 4 个 Cortex-A73 核心，处理同样的 AI 任务，有大约 50 倍能效和 25 倍性能优势。

苹果发布的 A11 仿生芯片也搭载了神经网络单元。据介绍，A11 仿生芯片有 43 亿个晶体管，采用 TSMC 10 nm FinFET 工艺制程。CPU 采用了 6 核心设计，由 2 个高性能核心与 4 个高能效核心组成。相比 A10 Fusion，其中 2 个性能核心的速度提升了 25%，4 个能效核心的速度提升了 70%；GPU 采用了苹果自主设计的 3 核心 GPU 图形处理单元，图形处理速度与上一代相比最高可提升 30%之多；神经网络引擎 NPU 采用双核设计，每秒运算最高可达 6000 亿次，主要用于胜任机器学习任务，能够识别人物、地点和物体等，能够分担 CPU 和 GPU 的任务，大幅提升芯片的运算效率。

另外，高通从 2014 年开始也公开了 NPU 的研发，并且在其两代骁龙 8××芯片上都有所体现。例如，骁龙 835 就集成了“骁龙神经处理引擎软件框架”，提供对定制神经网络层的支持，OEM 厂商和软件开发商都可以基于此打造自己的神经网络单元。ARM 在 2019 年所发布的 Cortex-A75 和 Cortex-A55 中也融入了自家的 AI 神经网络 DynamIQ 技术，据介绍，DynamIQ 技术在未来 3～5 年可实现比当前设备高 50 倍的 AI 性能，可将特定硬件加速器的反应速度提升 10 倍。总体来看，智能手机未来 AI 芯片的生态基本可以断定仍会掌握在传统 SoC 商手中。

IBM 公司 2014 年公布了 TrueNorth，在一颗芯片上集成了 4096 个内核，100 万个神经元、2.56 亿个可编程突触，使用了三星的 28 nm 工艺，共 540 万个晶体管；每秒可执行 460 亿次突触运算，总功耗为 70 MW，每平方厘米功耗 20 MW。IBM 的最终目标就是希望建立一台包含 100 亿个神经元和 100 万亿个突触的计算机，这样的计算机要比人类大脑的功都强大 10 倍，而功耗只有 1kW。

8.3 AI 芯片的架构设计

鉴于神经网络的海量数据需要处理，并且计算公式和学习方法多变，故此设计专门的 AI 芯片就成为实际使用神经网络的必选项。否则，就无法取得足够快的处理速度。

图 8-4 所示是 AI 协处理器的典型体系架构。

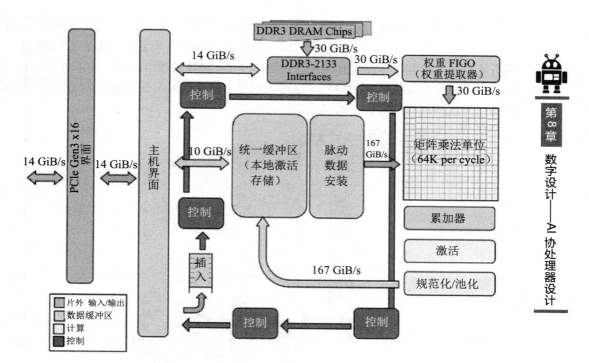

图 8-4　AI 协处理器的典型体系架构

本书后面的章节将对 AI 协处理器中的每个组成部分进行详细设计。

该架构中，右上角的矩阵是乘法单元，它是 AI 协处理器的心脏，包含 256×256 个 MAC，可以执行 8 bit 乘法运算，支持有符号或无符号整数加法。乘法单元下面是 4 MB 大小的 32 位累加器单元，它用于存储 16 bit 的计算乘积。累加器单元里面包含 4096 个 32 位累加器，每个累加器里面又包含 256 个元素。

如图 8-5 所示，每个时钟周期，乘法单元产生一次 256 元素的部分和。我们首先取出 4096 B。（性能仿真说明，要达到最高性能指标，应当每次取大约 1350 B，故此只能选择对齐到 2048 B。考虑到双缓冲，每次取 4096 B。）

由于乘法单元里面是 8 位乘法器，故此计算 8 位权重和 16 位系数（或反之亦然）时，乘法单元的速度就是 1/2；当计算 16 位权重和 16 位系数（或反之亦然）时，乘法单元的速度就是 1/4。每个时钟周期，它读入和写入 256 个值，并且可以执行一次矩阵乘法或卷积。

这个乘法单元会用一个 64 KB 的存储页存储权重，另外一个 64 KB 的存储页用于双缓冲（以避免产生移动存储页需要的 256 个循环操作）。由于该乘法单元的设计目标是用于密集计算，故此该乘法单元所需要的权重就存储在芯片内部的 FIFO 上。

FIFO 会从片外一个叫作权重内存的 8 GB DRAM 中读取该乘法单元所需要的权重（注意：权重是只读的。8 GB 的权重内存可以存储多个 AI 模型所需的权重值）。权重 FIFO 共分 4 层，其中间计算结果存储在片内的一个 24 MiB 的统一缓冲区中。该统一缓冲区不仅可以作为乘法单元的输入，也可以通过可编程 DMA 控制器作为 CPU 主机内存和统一缓冲区的交互传输通道。

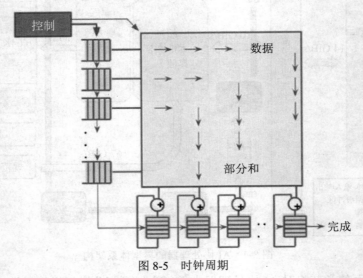

图 8-5　时钟周期

8.4　AI 芯片的使用步骤是先训练再使用

前面，我们提到综合打分法（神经网络）大多有几百万到几千万个打分项目，这些打分项目的设计，都不是人力能够解决的，而是通过输入大量已知答案的样本训练出来的。即告诉 AI 芯片，这种类型的样本就是正确的，让 AI 系统自己通过训练产生一套打分表，以后看到同类样本，AI 系统可以做出同样的识别。

如图 8-6 所示，其工作原理是：这是 2，这也是 2，这还是 2……那这张是多少呢？

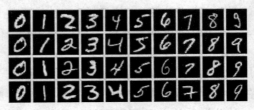

图 8-6　AI 系统打分工作原理

一般而言，AI 系统训练方法如图 8-7 所示。

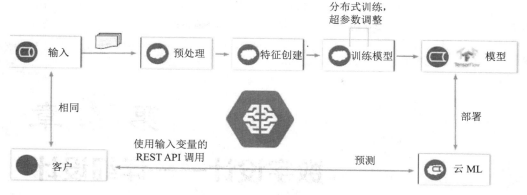

图 8-7　AI 系统训练方法

训练出来的结果可以存储在 Flash 或者 FIFO 中。TPU 支持在 FIFO 中存储多个综合打分法模型，可以通过切换拥有多个用途。比如，可以通过加载图像识别打分表，充当图像识别协处理器；也可以通过加载机器翻译打分表，充当机器翻译协处理器。

8.5　警用机器人为何使用 AI 芯片

在设计警用机器人时，"观察者"需要时刻把摄像头对准"摧毁者"，并且做出快速、实时的判断，以确保摄像头云台的调整足够精确。

在简单场景下，我们可以使用标志色等色块识别技术实现快速、准确的定位，但是在复杂场景下使用 AI，则需要更加有效地调整云台姿态的方法。

云台输出参数主要包括向上、向下、向左、向右、不动等几个决策判决。输入就是事实图像，这需要将大量的手工操作作为训练样本来进行训练。

第 *9* 章
数字设计——详细设计

本章主要讲述数字设计中的详细设计，内容包括数字设计的编程语言的介绍，以及设计方法的举例。由于数字设计涉及的编程语言有很多种，这里不能一一赘述，只着重讲解芯片语言的基本概念、基本结构以及设计原理。设计方法主要介绍存储控制的设计以及其他部件的设计方法。

9.1 编 程 语 言

编程语言主要介绍 VHDL 和 Verilog 语言描述，本节主要介绍芯片语言的基本概念和基本结构。

9.1.1 芯片语言的基本概念

在软件编程时，我们使用 Basic、C、Java 等语言。对芯片进行设计时，我们使用 VHDL、Verilog 语言描述所有模块，如图 9-1 和表 9-1 所示。

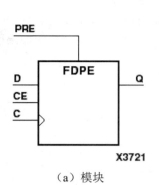

PRE

FDPE

D
CE
C

Q

X3721

（a）模块

IO Pins	Description
D[3:0]	Data Input
C	Positive-Edge Clock
PRE	Asynchronous Set (active High)
CE	Clock Enable (active High)
Q[3:0]	Data Output

（b）模块描述

图 9-1 模块描述

表 9-1 VHDL、Verilog 语言

VHDL Code	Verilog Code

library ieee;
use ieee.std_logic_1164.all;
 	
entity flop is
  port (C, CE, PRE : in std_logic;
        D : in   std_logic_vector (3 downto 0);
        Q : out std_logic_vector (3 downto 0);
end flop;
architecture archi of flop is
  begin
    process (C, PRE)
      begin
        if (PRE='1') then
          Q <= "1111";
        elsif (C'event and C='1') then
          if (CE='1') then
            Q <= D;
          end if;
        end if;
    end process;
end archi;
	module flop (C, D, CE, PRE, Q);
	  input C, CE, PRE;
	  input [3:0] D;
	  output [3:0] Q;
	  reg [3:0] Q;
	
	  always @(posedge C or posedge PRE)
	    begin
	      if (PRE)
	        Q = 4'b1111;
	      else
	        if (CE)
	          Q = D;
	    end
	endmodule

从上面的例子可以看出，设计逻辑大致如下：首先需要确定每个模块有哪些引脚，然后用语言定义出这些引脚。例如，VHDL 语言就是关键词 port 定义的部分；Verilog 语言就是关键词 input、output 定义的部分。然后，我们需要定义动作逻辑，即如果引脚信号发生了变化，那么其他引脚就跟着相应地发生变化。

9.1.2　芯片语言的基本结构

VHDL、Verilog 语言的基本结构如表 9-2 所示。

表 9-2　VHDL、Verilog 语言的基本结构

VHDL	Verilog HDL
entity 实体名 is	module 模块名(端口列表)
port(端口说明)	输入/输出端口说明
end	
architecture 结构体名 of 实体名 is	变量类型说明;
说明部分;	
begin	
代入语句;	assign 语句(连续赋值语句);
元件语句;	元件例化语句;
进程语句;	always @ 块语句;
end 结构体名;	endmodule

从上面例子可以看出，我们的语言结构大致如下。

❑　两者结构基本相似，并行语句的种类也类似。

❑　VHDL 语言需要进行大量说明，程序通常比较长。

❑　Verilog HDL 通常不进行说明，或只进行非常简短的说明，程序比较简短。

表 9-3 所示为 8 bit 加法器的实例对比。

表 9-3　8 bit 加法器的实例对比

library ieee;	
Use ieee.std_logic_1164.all;	
Use ieee.std_logic_arith.all;	
entity vadd is	module kadd(a, b, c, s);
port(a, b: in std_logic_vector(7 downto 0);	input[7:0] a, b;
c: in std_logic_vector(0 to 0);	input c;

s : out std_logic_vector(8 downto 0);	output[8:0] s;
End vadd;	
architecture rtl of vadd is	
begin	
s <= unsigned(a) + unsigned(b) + unsigned(c) ;	assign s = a+b+c;
End rtl;	endmodule

9.1.3 设计原理

使用 VHDL 语言描述所有模块，其设计关键点就是用时钟信号来驱动各种状态机的变化。用控制寄存器里的信息来调整状态机的转换逻辑。

例如，一个简单的信号合成器的设计关键点是：时钟（C）信号是驱动因子，每次时钟信号变高一次，就会触发一个判断逻辑处理（合成），其原理大致如图 9-2 所示。

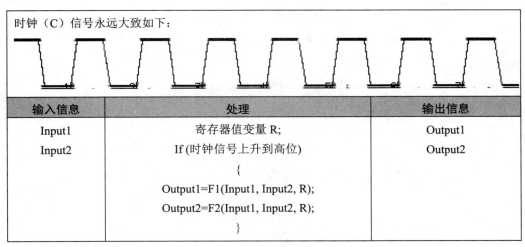

输入信息	处理	输出信息

Input1
Input2
	寄存器值变量 R;
	If (时钟信号上升到高位)
	{
	Output1=F1(Input1, Input2, R);
	Output2=F2(Input1, Input2, R);
	}
		Output1
		Output2

图 9-2 信号合成器设计原理

其工作原理就是：在每个时钟周期，依据当前的输入信号的高低（1,0）以及寄存器状态，设置输出信号的高低（1,0）。

9.2　设计方法举例

以下是一个 DDR3 的存储控制器的实现代码举例。

```
module drac_ddr3
(
    Input       ckin,
    output      ckout,
    output      ckouthalf,
    output      reset,
…
```

完整代码参见附录 A。

鉴于篇幅，这里不再一一列举每个部件的详细设计。感兴趣的读者可访问 https://opencores.org/projects/ 网站查阅相关资料。

第章

数字设计——单元验证

单元验证主要是进行单一部件的时序分析，检查实验波形与理论波形的匹配。同时单元测试需要提前列出主要的检查项目。

10.1　单一部件的时序分析

10.1.1　时序分析方法

依据每个部件的处理逻辑，对于给定的输入信号序列以及寄存器状态，其输出的信号序列也是确定的。故此我们需要对部件进行仿真，通过输入给定输入信号序列以及寄存器状态，检查输出信号序列是否符合预期。

本设计完成了一个完整的规格为 256×8 双时钟通用异步 FIFO 的 Verilog 建模，并对其编写测试向量进行行为级仿真。

10.1.2　实验波形

仿真工具采用的是 Quartus II，对整个异步 FIFO 电路编写测试向量进行仿真，并得出整个电路的仿真波形。

通过 Quartus II 软件仿真得到的波形图如图 10-1 所示。

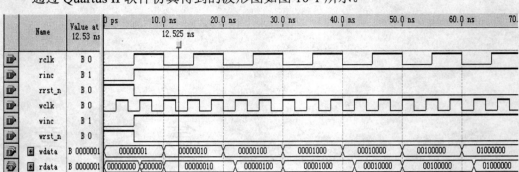

图 10-1　整个异步 FIFO 电路的仿真波形

经仿真验证可以得出以下结论：整个 FIFO 的工作波形符合设计要求；电路的逻辑复杂度远远小于传统结构电路，且面积仅为后者的二分之一，电路工作速度也提高约三分之一。

10.2　单元测试的主要检查项

单元测试的主要检查项如表 10-1 所示。

表 10-1　单元测试的主要检查项

条件 1	条件 2	检　查
对于每个寄存器取值可能性	对于每一种输入信号序列	对应的输出序列是否符合预期

当然，只有全部输出序列都符合预期，才能说明我们的设计是正确的。

10.3　多部件的集成验证

10.3.1　拓扑分析

芯片是由很多部件组成的，一个部件的输出信号可能是其他部件的输入信号，如图 10-2 所示。

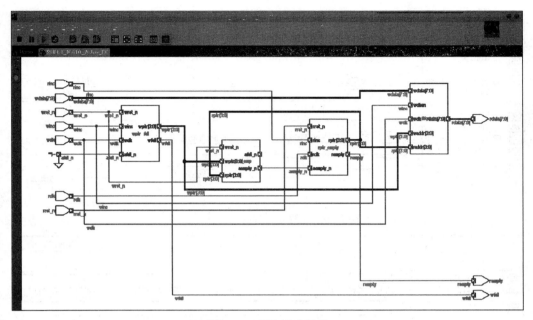

图 10-2　芯片组成举例

故此，我们还要进行多个部件的集成测试。看看多个部件集成到一起后，是否还可以协调工作。

10.3.2　接口验证

当集成的部件非常多以后，如果还想追踪各个引脚的信号序列就非常困难了，因为这种信号很多都在芯片内部终结了。这时一般都是借助逻辑分析仪来监测总线上的数据流动。因为总线是芯片的外部引脚，可以随时引出来进行观测，如图 10-3～图 10-6 所示。

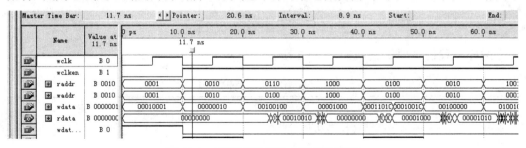

图 10-3　双端口存储器电路的仿真波

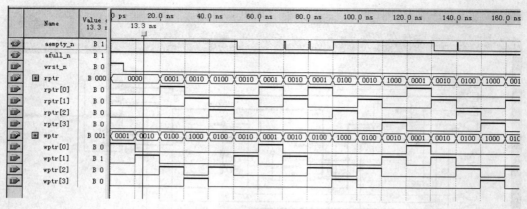

图 10-4　比较逻辑电路的仿真波形

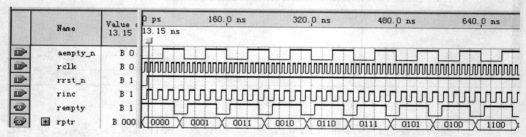

图 10-5　读逻辑电路的仿真波形

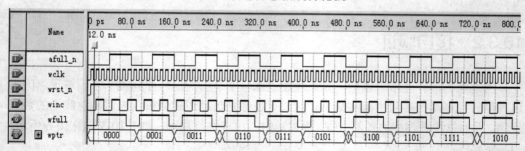

图 10-6　写逻辑电路的仿真波形

同样，我们主要检查项如表 10-2 所示。

表 10-2　主要检查项

条件 1	条件 2	检　查
对于每个寄存器取值可能性	对于每一种输入信号序列	对应的输出序列是否符合预期

当然，只有全部输出序列都符合预期，才能说明我们的设计是正确的。

10.4　地　址　映　射

由于芯片内部存在很多部件，为了协调各个部件，需要对所有部件的各类资源进行统一编址。例如，存储空间的编址如表 10-3 所示。

表 10-3　存储空间的编址

地址范围 （十六进制）	地址错误 A15 A14 A13	解码器输出 76543210	片选有效 用于存储 IC
0000-1FFF	000	11111110	EPROM 0
2000-3FFF	001	11111101	EPROM 1
4000-5FFF	010	11111011	EPROM 2
6000-7FFF	011	11110111	EPROM 3
8000-9FFF	100	11101111	EPROM 4
A000-BFFF	101	11011111	EPROM 5
C000-DFFF	110	10111111	EPROM 6
E000-FFFF	111	01111111	EPROM 7

10.5　系统仿真语言

在芯片出来之前，我们想对芯片的各个部件进行软件的仿真测试，因此需要用到系统仿真。

10.5.1　System C 语言介绍

Synopsys 公司、CoWare 公司和 Frontier Design 公司合作开发了 System C。1999 年 9 月 27 日，40 多家世界上著名的 EDA 公司、IP 公司、半导体公司和嵌入式软件公司宣布成立"开放式 System C 创始社"（Open System C Initiative），这些公司包括 ARM、CoWare、Cygnus Solution、Ericsson、Frontier Design、Fujitsu、Infineon、Lucent Technologies、Sony、STMicroelectronics、Synopsys、Taxas Instruments 等。

这些公司认为 System C 是一种很好的硬件软件联合设计语言。Ericsson 公司微电子部主任 Jan-Olof Kismalm 说："通信系统的复杂性在不断地增加，而新的系统却要求以更短的时间推向市场。为了以最短的时间开发出复杂的产品，需要我们采用单一的语言描述复杂的行为和 IP，我们相信 System C 可以帮助我们以更好的方法描述我们的系统并在设计过程的初始阶段进行有效的硬件、软件联合设计，这可以大大缩短我们开发产品的时间。"Kismalm 先生的话表达了世界上众多公司欢迎 System C 的原因。

研究表明，具有较高的抽象能力，同时能体现硬件设计中的信号同步、时间延迟、状态转换等物理信息的语言，才能给工程师提供一个系统级设计的公共基础平台。在我们常用的设计语言中，C、C++ 和 Java 等高级编程语言有较高的抽象能力，但由于不能体现硬件设计的物理特性，硬件模块部分需要重新用硬件描述语言设计，使得后续设计缺乏连贯性；而 VHDL、Verilog 语言最初的目的并不是进行电路设计，前者是用来描述电路的，而后者起源于板级系统仿真，因此它们并不适合进行系统级的软件和算法设计，特别是现在系统中的功能越来越多地由软件来完成时。

System C 是在 C++的基础上扩展了硬件类和仿真核形成的，由于结合了面向对象编程和硬件建模机制两方面的优点，可以在抽象层次的不同级进行系统设计。系统硬件部分可以用 System C 类来描述，其基本单元是模块（module）。模块内可包含子模块、端口和过程，模块之间通过端口和信号进行连接和通信。

随着通信系统复杂性的不断增加，工程师将更多地面对使用单一的语言来描述复杂的 IP 和系统，而 System C 良好的软硬件协同设计能力，会让它的应用变得更加广泛。

为了进行系统仿真，可以使用 HDLC 2 System C 工具把 VHDL 语言转换成 System C 语言，然后进行仿真。以下是 System C 语言代码举例。

```
SC_MODULE (example) {
sc_in<bool> din;
sc_out<bool> dout;            //端口
void inverter () ;            //处理过程声明
SC_CTOR(example) {
SC_ METHOD (inverter) ;
Sensitive(din) ;             //处理过程由输入变化触发
}
} ;
```

10.5.2 System C 仿真工具

System C 工具都会自带仿真内核来对模型进行仿真。在仿真过程中，用户自定义的进程是互相独立的执行。仿真通过调用 sc_start 函数开始，所有的进程都被初始化，并准备被仿真内核调度运行。每个器件都被仿真成一个进程（SC_THREAD）。从每个进程被仿真内核启动执行开始，进入活跃状态，直到它执行到 wait 语句（对于 SC_THREAD、SC_CTHREAD 类型的进程）或者全部被执行完（对于 SC_METHOD 类型的进程）后，该进程被挂起，进入挂起状态。当所有进程都被挂起后，仿真内核更新信号的值，进入下一个仿真时钟周期，如图 10-7 所示。

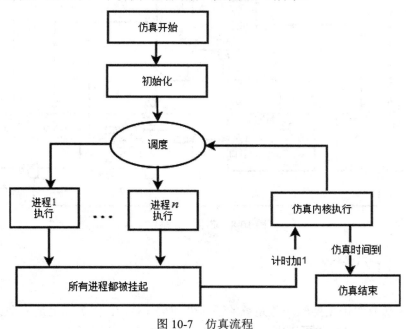

图 10-7　仿真流程

直到仿真的时钟到约定的次数位置，例如仿真 10 分钟。

10.6　System C 仿真实例

10.6.1　划分模块

每个器件都被仿真成一个进程。故此器件就是模块，器件的接口就是进程里面的端口。

图 10-8 所示为 6 个器件组成的芯片系统。它们通过多个端口进行通信。

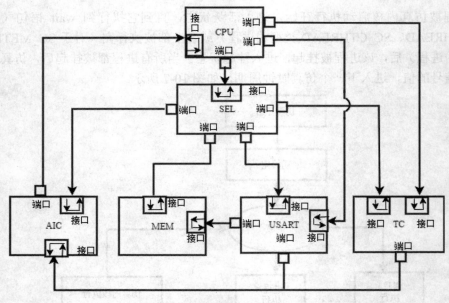

图 10-8　芯片系统举例

10.6.2　行为定义

整系统仿真验证主要验证整系统的适应性和可靠性。IP 核实际上是一个经过验证的 IC 设计，所以设计时可以把注意力集中于整个系统，而不必考虑各个模块的正确性和性能。

系统级仿真的任务是以特定的系统功能描述和代价约束为输入，以给定的 IP 库为基础，通过对 IP 模块群的选取和任务分配、调度，在满足约束和实现功能的同时，以代价最优的系统构架为输出。在系统级进行综合和优化，可以缩短设计周期，提高设计效率。

由于芯片设计迄今为止都是纯软件设计，因此可以随时修改，无须担心类似硬件的生产成本。再往后就是芯片生产制作流程，会产生昂贵的制造费用。故此，要在这个阶段进行尽可能完备的系统验证，确保一旦投入制造，就万无一失。

1. 事务级模型

事务级建模（Transaction-level Models，TLM）中的各个模块代表了最终要实现的硬件设备（如存储器、ASIC、系统总线等），或者是将要运行在处理器上的软件。模块没有引脚，通信通过片上总线进行，模块间的通信通过函数调用来进行。由于此阶段的软件部分模块是在本地的 CPU 上运行的，因此运行时间不精确；加入指令集仿真器（instruction set simulator，ISS）后，软件在 ISS 上运行，可以获得较准确的软件运行时间。

在模块之间加入总线功能模型（bus functional model，BFM），或者叫作转换器（adapter），之后便可以得到总线周期精确（bus cycle accurate，BCA）的事务级模型。作用是把函数调用转换为引脚行为。事务级模型与转换器之间的通信通过函数调用进行。转换器与转换器之间的通信通过引脚和信号来进行，它们之间可以实现所采用的总线协议的精确周期。

2. 寄存器传输级

在寄存器传输级，系统由寄存器和寄存器之间的组合逻辑构成。寄存器依照时钟的节拍动作，模块在内部和外部的接口上都是周期精确的，模块的每个引脚被明确地定义，模块间通信通过引脚和信号进行。

10.7 System C 仿真结论

通过系统仿真，我们可以得到 CPU 占用率和总线冲突率两个性能指标。

❑ CPU 占用率：CPU 运行有意义代码的时间相对于所有时间的比例。

❑ 总线冲突率：不同部件发生同时传输需求的概率。

如果某些指标过于恶劣，就属于芯片的系统瓶颈，需要进行芯片架构调整和性能扩容，增加更多的通道来确保 CPU 可以承担起相应的计算量（4 核的计算量不够，那就 6 核），并且将总线冲突控制在合理范围内（1 个总线不够，就来 2 个总线）。

第 11 章

模拟设计——概要设计

数字电路都是时钟驱动的，而模拟电路类似于传统模拟电路的直接印刷化，下面详细介绍。

11.1　PWM 器件设计

11.1.1　电路原理设计

脉宽调制（PWM）是指用微处理器的数字输出来对模拟电路进行控制，是一种对模拟信号电平进行数字编码的方法。以数字方式控制模拟电路，可以大幅度降低系统的成本和功耗。

简而言之，PWM 是一种对模拟信号电平进行数字编码的方法。通过高分辨率计数器的使用，方波的占空比被调制用来对一个具体模拟信号的电平进行编码。PWM 信号仍然是数字的，因为在给定的任何时刻，满幅值的直流供电要么完全有（ON），要么完全无（OFF）。电压或电流源是以一种通（ON）或断（OFF）的重复脉冲序列被加到模拟负载上去的。通的时候即是直流供电被加到负载上时，断的时候即是供电被断开时。只要带宽足够，任何模拟值都可以使用 PWM 进行编码。

图 11-1 显示了 3 种不同的 PWM 信号。图 11-1（a）是一个占空比为 10%的 PWM

输出，即在信号周期中，10%的时间通，其余90%的时间断。图 11-1（b）和图 11-1（c）显示的是占空比分别为 50% 和 90% 的 PWM 输出。这 3 种 PWM 输出编码分别是强度为满度值的 10%、50% 和 90% 的 3 种不同模拟信号值。例如，假设供电电源为 9 V，占空比为 10%，则对应的是一个幅度为 0.9 V 的模拟信号。

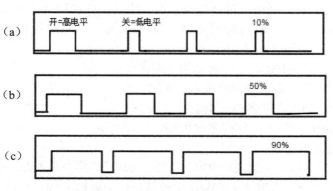

图 11-1　3 种 PWM 信号对比

PWM 电路内部构图及设计原理如图 11-2 所示。

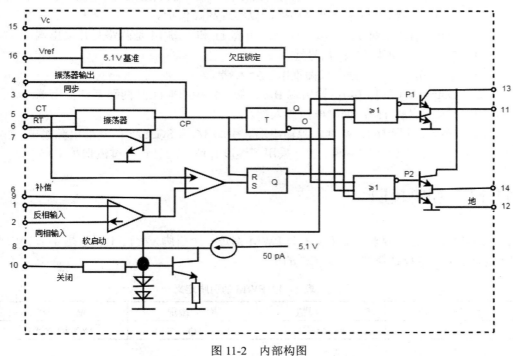

图 11-2　内部构图

- ❑ Inv.input（引脚 1）：误差放大器反向输入端。在闭环系统中，该引脚接反馈信号。在开环系统中，该端与补偿信号输入端（引脚 9）相连，可构成跟随器。
- ❑ Noninv.input（引脚 2）：误差放大器同向输入端。在闭环系统和开环系统中，该端接给定信号。根据需要，在该端与补偿信号输入端（引脚 9）之间接入不同类型的反馈网络，可以构成比例、比例积分和积分等类型的调节器。
- ❑ Sync（引脚 3）：振荡器外接同步信号输入端。该端接外部同步脉冲信号可实现与外电路同步。
- ❑ OSC.Output（引脚 4）：振荡器输出端。
- ❑ CT（引脚 5）：振荡器定时电容接入端。
- ❑ RT（引脚 6）：振荡器定时电阻接入端。
- ❑ Discharge（引脚 7）：振荡器放电端。该端与引脚 5 之间外接一只放电电阻，构成放电回路。
- ❑ Soft-Start（引脚 8）：软启动电容接入端。该端通常接一只 5 微法的软启动电容。
- ❑ Compensation（引脚 9）：PWM 比较器补偿信号输入端。在该端与引脚 2 之间接入不同类型的反馈网络，可以构成比例、比例积分和积分等类型调节器。
- ❑ Shutdown（引脚 10）：外部关断信号输入端。该端接高电平时控制器输出被禁止。该端可与保护电路相连，以实现故障保护。
- ❑ OutputA（引脚 11）：输出端 A。引脚 11 和引脚 14 是两路互补输出端。
- ❑ Ground（引脚 12）：信号地。
- ❑ Vc（引脚 13）：输出级偏置电压接入端。
- ❑ OutputB（引脚 14）：输出端 B。引脚 14 和引脚 11 是两路互补输出端。
- ❑ Vcc（引脚 15）：偏置电源接入端。
- ❑ Vref（引脚 16）：基准电源输出端。引脚 16 为 SG3525 的基准电源输出，精度可以达到（5.1±1%）V，采用了温度补偿，而且设有过流保护电路。

11.1.2 引脚接口

PWM 对外接口是输出接口，每个 PWM 都是一个引脚，表 11-1 所示是 4 个 PWM 的引脚定义。本设计需要 16 个这样的引脚。

表 11-1 PWM 的引脚定义

引 脚 名 称	数字/模拟	输入/输出	描 述
PWM[3:0]	M	O	脉宽调节器

11.1.3　Register 接口

每个 PWM 都有一组寄存器。表 11-2 所示为其中一个 PWM 寄存器。

表 11-2　PWM 的寄存器

	地　　　址	寄存器名称	描　　　述
PWM #0	0x40B0_0000	Reserved	Reserved
	0x40B0_0000	PWM_CTRL0	PWM 0 控制寄存器
	0x40B0_0004	PWDUTY0	PWM 0 占空比寄存器
	0x40B0_0008	PERVAL0	PWM 0 脚架控制寄存器

11.2　AD/DA 器件设计

AD/DA 是负责模拟信号和数字信号进行相互转换的模块。

11.2.1　ADC 电路原理设计

1.　模数转换器概述

ADC（模数转换器）是负责把模拟信号转换为数字信号的器件。把模拟信号转换为数字信号，一般分为 4 个步骤，即取样、保持、量化和编码。前两个步骤在取样—保持电路中完成，后两个步骤则在 ADC 中完成。

Δ-Σ 调制型 ADC 内部电路原理如图 11-3 所示。

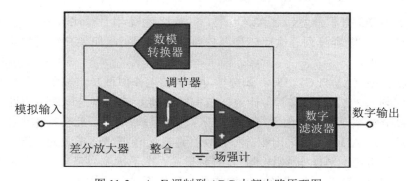

图 11-3　Δ-Σ 调制型 ADC 内部电路原理图

Δ-Σ调制型 ADC 由一个 Δ-Σ 调制器以及后序的数字抽样滤波器组成。调制器由一个带 DAC 的反馈回路组成，回路中包括了一个比较器及一个积分器。回路通过时钟同步。

Δ-Σ 转换器拥有非常高的分辨率，可理想地转换极宽频率范围（从直流到好几个 MHz）的信号。在 Δ-Σ 调制型 ADC 中，输入信号先通过一个调制器实现过采样（oversample），而后由数字滤波器所产生的采样率较低的高分辨率数据流完成滤波及抽取（decimation）。

Δ-Σ 的典型高精度应用包括了音频、工业流程控制、分析及测试仪表、医学仪表等。

Δ-Σ 转换器的运作有别于逐次逼近型（SAR）转换器。SAR 转换器获得输入电压的一个"映像"（snapshot），通过对"映像"的分析决定相应的数字代码；而 Δ-Σ 测量的是一段确定时间的输入信号，其输出相应的数字代码是根据信号的时间平均得来的。

对多个 Δ-Σ 转换器的同步并不困难，因此很容易实现多个转换器的同时刻采样，比较困难的是实现 Δ-Σ 转换器与外部事件的同步。Δ-Σ 转换器还对系统时钟抖动（clock jitter）有极高的抵抗能力。其过采样功能有效地平均了抖动，降低了其噪声影响。

许多 Δ-Σ 转换器包含了输入缓冲器及可编程增益放大器（PGA）。输入缓冲器增加了输入阻抗，允许直接连接具有高源阻抗的信号。可编程增益放大器增加了测量小信号时转换器的精确度。桥接式传感器就是在转换器中利用了 PGA 优势的信号源的典型示例。

所有的 ADC 都需要一个基准，对于高分辨率的转换器来说，拥有一个低噪声、低漂移的基准是至关重要的。大多数的 Δ-Σ 转换器都采用了差分基准输入。

2. 常用的 ADC 的类型

常用的 ADC 有积分型、逐次逼近型、并行比较型/串并行比较型、Σ-Δ（delta-sigma）调制型、电容阵列逐次比较型及压频变换型。下面简要介绍几种常用类型的基本原理及特点。

❑ 积分型（如 TLC7135）。积分型 ADC 的工作原理是将输入电压转换成时间或频率，然后由定时器/计数器获得数字值。其优点是用简单电路就能获得高分辨率，缺点是由于转换精度依赖于积分时间，因此转换速率极低。初期的单片 ADC 大多采用积分型，现在逐次比较型已逐步成为主流。双积分是一种常用的 AD 转换技术，具有精度高、抗干扰能力强等优点。但高精度的双积分 AD 芯片价格较贵，增加了单片机系统的成本。

SoC 设计原理与实战——轻松设计机器人

- 逐次逼近型（如 TLC0831）。逐次逼近型 AD 由一个比较器和 DA 转换器通过逐次比较逻辑构成，从 MSB 开始，顺序地对每一位将输入电压与内置 DA 转换器输出进行比较，经 n 次比较输出数字值。其电路规模属于中等，优点是速度较快，功耗低，在低分辨率（<12 bit）时价格便宜，但高精度（>12 bit）时价格很高。

- 并行比较型/串并行比较型（如 TLC5510）。并行比较型 AD 采用多个比较器，仅做一次比较即实行转换，又称 FLash 型。由于转换速率极高，n 位的转换需要 $2n-1$ 个比较器，因此电路规模也极大，价格也高，只适用于视频 AD 转换器等速度特别高的领域。串并行比较型 AD 结构上介于并行型和逐次比较型之间，最典型的是由 2 个 $n/2$ 位的并行型 AD 转换器配合 DA 转换器组成，用两次比较实行转换，所以称为 Half flash 型。

- Σ-Δ 调制型（如 AD7701）。Σ-Δ 型 ADC 以很低的采样分辨率（1 bit）和很高的采样速率将模拟信号数字化，通过过采样、噪声整形和数字滤波等方法增加有效分辨率，然后对 ADC 输出进行采样抽取处理以降低有效采样速率。Σ-Δ 型 ADC 的电路结构是由非常简单的模拟电路和十分复杂的数字信号处理电路构成的。

- 电容阵列逐次比较型。电容阵列逐次比较型 AD 在内置 DA 转换器中采用电容矩阵方式，也可称为电荷再分配型。一般的电阻阵列 DA 转换器中多数电阻的值必须一致，在单芯片上生成高精度的电阻并不容易。如果用电容阵列取代电阻阵列，可以用低廉成本制成高精度单片 AD 转换器。最近的逐次比较型 AD 转换器大多为电容阵列式的。

- 压频变换型（如 AD650）。压频变换型是通过间接转换方式实现模数转换的。其原理是首先将输入的模拟信号转换成频率，然后用计数器将频率转换成数字量。从理论上讲，这种 AD 的分辨率几乎可以无限增加，只要采样时间能够满足输出频率分辨率要求的累积脉冲个数的宽度。其优点是分辨率高、功耗低、价格低，但是需要外部计数电路共同完成 AD 转换。

11.2.2 DAC 电路原理设计

1. 数模转换器概述

数模转换器（DAC）是负责把数字信号转换为模拟信号的器件。

大多数 DAC 由电阻阵列和 n 个电流开关（或电压开关）构成。按数字输入值切换开关，产生比例于输入的电流（或电压）。此外，也有为了改善精度而把恒流源放入器件内部的。DAC 分为电压型和电流型两大类，电压型 DAC 有权电阻网络、T 型电阻网络和树形开关网络等；电流型 DAC 有权电流型电阻网络和倒 T 型电阻网络等。

2. 高精确度 DAC 及多用途 DAC

电阻器"串"（string）及 R-2R 梯形网络 DAC 由 3 个主要单元组成：① 逻辑电路；② 某些类型的电阻网络，其作用就是切换基准电压或基准电流至适合的网络输入端，并以此作为每个数字输入位的数值；③ 一个基准电压。

电压分段式 DAC（串联 DAC）——简单的串联电阻串，其中每个阻值都为 R。被载入 DAC 寄存器中的数值决定了电阻串上的某个节点电压值，而后通过闭合连接放大器与电阻串的开关，将电压值馈送输出至放大器。DAC 是单调的，因为所采用的是串联电阻串。在高分辨率的 12 及 16 bit DAC 中，采用两个电阻串以最小化设计中开关的数量（例如，16 bit DAC，采用一个电阻串需要 65536 个开关，而采用双电阻串只需要 512 个开关）。在双电阻串的配置中，最重要的数位驱动第一个解码树（decoder tree）。解码树从第一个电阻串的两个最邻近电压点选取节点电压值，并将其输入到两个缓冲器中。缓冲器随后将这两个电压值通过端点加载到第二个电阻串上。最小的数据位驱动了第二个解码树，解码树选定某个开关输出点的电压值并直接馈送到输出缓冲器，如图 11-4 所示。

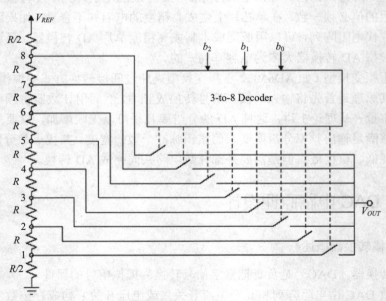

图 11-4　电压分段式 DAC

11.2.3　引脚接口

每个 ADC 都是一个引脚即可，表 11-3 所示是两个 ADC 的引脚定义。

表 11-3　ADC 的引脚定义

引 脚 名 称	输入/输出	类型	首 次 使 用	电 源 域	编　号
GP_ADC_IN_0	I	A	GPADC input channel 0	ABB	C4
GP_ADC_IN_1	I	A	GPADC input channel 1	ABB	C3

表 11-4 所示是另外两个 DAC 的引脚定义。

表 11-4　DAC 的引脚定义

引 脚 名 称	输入/输出	类型	首 次 使 用	电 源 域	编　号
GP_DAC_OUT_0	O	A	GPDAC output channel 0	ABB	C24
GP_DAC_OUT_1	O	A	GPDAC output channel 1	ABB	C23

11.2.4　Register 接口

每个 ADC 都有一组寄存器。其中一个 ADC 的寄存器如表 11-5 所示。

表 11-5　ADC 的寄存器

寄 存 器	描　　　述
ADCR	A/D 控制寄存器：用于配置 ADC
ADGDR	A/D 全局数据寄存器：该寄存器包含 ADC 的 DONE 位和最近一次 A/D 转换的结果
ADINTEN	A/D 中断使能寄存器
ADDR0-ADDR7	A/D 通道数据寄存器：包含各个通道的最新 ADC 值
ADSTAT	A/D 状态寄存器：包含所有 ADC 通道的 DONE&OVERRUN 标志

DAC 也类似 ADC。

11.3　加速度计器件设计

11.3.1　加速度测量原理

电容式微加速度传感器的力学原理如下。

电容式加速度传感器的微结构可以简化成质量—阻尼—刚度的单自由度二阶系统，它的力学测量原理如图 11-5 所示。

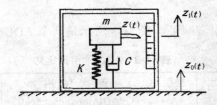

图 11-5　电容式微加速度传感器力学原理图

图 11-5 中，m 为敏感质量块的质量，$Z(t)$ 为敏感质量块的绝对位移，$Z_1(t)$、$Z_0(t)$ 为被测物的位移，即传感器支承的位移，k 为支撑梁的刚度系数，C 为阻尼系数。

图 11-6 表示了电容式微加速度传感器的放大因子曲线和相移曲线。

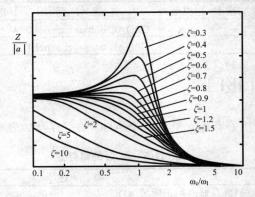

（a）电容式微加速度传感器放大因子曲线

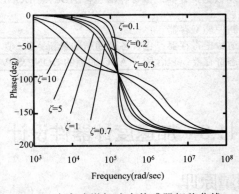

（b）电容式微加速度传感器相移曲线

图 11-6　电容式微加速度传感器放大因子曲线和相移曲线

由图 11-6（a）可以看出，当 ζ 在 0.7 附近，并且 ω_s 远小于 ω_n 时，敏感质量块相对位移的幅值与被测加速度的幅值近似成正比。故此当敏感方向的加速度输入时，敏感质量块（活动电极）偏转，引起上下两个工作电容的变化。图 11-6（b）中，在两个固定电极上加高频反相调制电压，中间活动电极上的检测信号经带通滤波去掉干扰信号，由一个四象限乘法器把它放大并与原信号相乘，再通过低通滤波去掉高频成分，完成相敏解调，经过放大得到仅有低频的开环输出。

该信号输出就是表示前面诸环节的总增益，并且和活动电极的位移成正比，从而完成加速度的测量。

11.3.2 电路原理设计

加速度传感器是一种重要的力学传感器，应用非常广泛。同其他传感器一样，人们总是希望它能灵敏、准确、工作范围广，快速、稳定、轻巧、操作方便。由于该传感器常被用于振动等动态测试中，因此对它的动态特性，如工作带宽、平稳性等也有一定的要求。同时，它还常被用在工业生产、交通运输等比较恶劣的工作环境中，因此对它的抗干扰能力及温度特性也有较高的要求。从这些应用的角度来看，加速度传感器应该满足如下一些技术指标：灵敏度、测量精度、横向灵敏度、温度漂移系数、量程、动态特性（主要是工作带宽）、输入、输出阻抗等。在种类繁多的加速度传感器中，采用微机械加工（MEMS）技术制作的电容式微加速度传感器是综合性能比较优越，而且价格比较便宜的一种。

电容式微加速度传感器是一种典型的微电子机械系统，包括机械和电子两个模块。机械模块主要是由 3 个电极组成的差动电容，如图 11-7 所示，电容间隙一般都为微米级。其中，两边的电极固定，中间电极是活动的，由细梁支持，充当敏感质量。当输入垂直于电极面的加速度时，惯性力使活动电极偏移，导致两边的电容发生差动的变化。

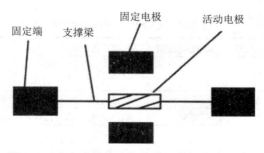

图 11-7 电容式微加速度传感器电极结构示意图

电子模块如图 11-8 所示，主要由两部分组成，一是活动电极位移检测电路。为了获得高的灵敏度和大的噪声抑制能力，一般采用高频调制/同步解调方法，即在固定电极上分别作用两个相位相反的高频振荡信号 $u_c(t)gl-U_c(t)$。当活动电极发生偏移时，因相应电容值发生变化，在活动电极上将感应出一个高频振荡电压 $u_s(t)$，经过相敏解调和低通滤波后，可获得与活动电极位移成正比的开环检测信号 $u_o(t)$。第二部分为静电力反馈回路，检测电压通过反馈测量电路后转变为相应的反馈电压 $U_{fb}(t)$ 作用于活动电极上，产生的静电反馈力使活动电极回到初始位置附近，从而提高加速度传感器的输出线性度和动态响应范围。

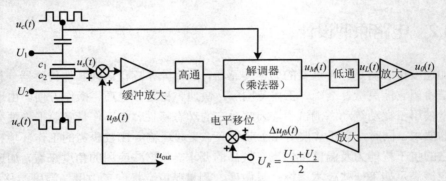

图 11-8　电容式微加速度传感器信号检测图

其中，反馈电压的幅值与被测加速度的幅值近似成正比，被选作该加速度传感器的输出。对于工作于开环测量方式的电容式加速度传感器，电子模块则只有位移检测电路。

11.3.3　引脚接口

加速度传感器的引脚如表 11-6 所示。

表 11-6　加速度传感器的引脚列表

引脚编号	MPU-6000	MPU-6050	引脚名称	描　述
1	Y	Y	CLKIN	可选的外部时钟输入，如果不用则连到 GND
6	Y	Y	AUX-DA	I2C 串行数据，用于外接传感器
7	Y	Y	AUX-CL	I2C 串行时钟，用于外接传感器
8	Y		/CS	SPI 片选（0=SPI mode）
8		Y	VLOGIC	数字 I/O 供电电压

引脚编号	MPU-6000	MPU-6050	引脚名称	描 述
9	Y		AD0/SDO	12C Slave 地址 LSB（AD0） SPI 串行数据输出（SDO）
9	Y	Y	AD0	12C Slave 地址 LSB（AD0）
10	Y	Y	REGOUT	校准滤波电容连线
11	Y	Y	FSYNC	帧同步数字输入
12	Y	Y	INT	中断数字输出（推挽或开漏）
13	Y	Y	VDD	电源电压及数字 I/O 供电电压
18	Y	Y	GND	电源地
19，21，22	Y	Y	RESV	预留，不接
20	Y	Y	CPOUT	电荷泵电容连线
23	Y		SCL/SCLK	12C 串行时钟（SCL） SPI 串行时钟（SCLK）
23		Y	SCL	12C 串行时钟（SCL）
24	Y		SDA/SDI	12C 串行数据（SDA） SPI 串行数据输入（SDI）
24		Y	SDA	12C 串行数据（SDA）
2，3，4，5，14，15，16，17	Y	Y	NC	不接

11.3.4 Register 接口

重力加速度陀螺仪传感器的寄存器如表 11-7 所示。

表 11-7 重力加速度陀螺仪传感器的寄存器列表

寄存器名称	位 置	功 能
SMPRT_DIV	Register 25	采样率分频器
CONFIG	Register 26	组态
GYRO_CONFIG	Register 27	陀螺仪配置
ACCEL_CONFIG	Register 28	加速度计配置
ACCEL_XOUT_H，ACCEL_XOUT_L	Registers 59 to 64	加速度计测量
TEMP_OUT_H，TEMP_OUT_L	Registers 65 and 66	温度测量
GYRO_XOUT_H，GYRO_XOUT_L	Registers 67 to 72	陀螺仪测量
PWR_MGMT_1	Register 107	电源管理
WHO_AM_I	Register 117	我是谁

第 *12* 章
模拟设计——详细设计和单元测试

模拟设计使用的编程语言主要有 VHDL-AMS 和 Verilog-AMS。本章主要介绍这两种设计语言，同时介绍电路仿真中使用的仿真工具、测试向量等知识。

12.1 编 程 语 言

12.1.1 使用 VHDL-AMS 编程

VHDL-AMS 是 VHDL 的一个分支，它支持模拟、数字、数模混合电路系统的建模与仿真，即 IEEE 1076.1 标准。VHDL-AMS 采用量（quantity）的概念定义系统方程中的未知量。量的类型有很多种，包括自由型、隐含型、支路型和信号源型等。根据不同的需要，使用者可以定义标量型的量，也可以定义复合型的量。

标量型的量必须是浮点型的，并且这些量都是微分方程的未知变量。复合型量的各个分量都是标量型的量，其属性和标量型 quantity 完全一样。量可以分为 across 型量和 though 型量。across 型量描述位势类的影响，如电阻上的电压或热域上的温度等；though 型量描述流量类的影响，如电流和热流等。余数量可用来描述其他的物理量，如电容上的电量、电阻上的能量耗散或二极管的噪声。各种随时间变化的导数量，还可用来描述各种模拟和混合信号的时域和频域模型的许多其他隐含型数量。

VHDL-AMS 采用 terminal 作为端点，其既可以充当模型里各种元件的接口，也可以只是内部的节点，用途比较广泛。terminal 的主要作用就是在仿真器里建立模拟部分的网表，为建立节点方程做准备。与其他电路逻辑描述语言相比，terminal 可以属于不同的自然类，如电系统类、热系统类等，这赋予了 terminal 更大的自由度，使之不仅仅局限于单一的电系统，还可以让混合系统的建模切实可行。

VHDL-AMS 的电路图如图 12-1 所示。

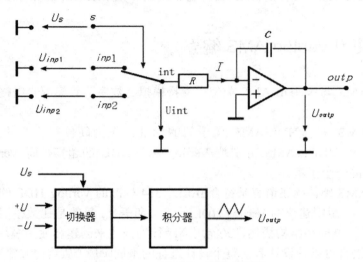

图 12-1　VHDL-AMS 的电路图

VHDL-AM 对应的代码如下。

```
entity PART is
port(terminal inp1, inp2, s, outp: electrical);
end entity PART;

architecture BHV of PART is
   constant R: real := 1.0;
   constant C : real := 1.5e-9;
   terminal int : electrical;
   quantity Uint across I through int to ground;
   quantity Uinp1 across inp1 to ground;
   quantity Uinp1 across inp1 to ground;
   quantity Uoutp across outp to ground;
   quantity Us across s to ground;
begin
   if Us`Above(0.0) use
      Uint == Uinp1;
   else Uint == Uinp2;
```

```
    end use;
    break on Us`Above(0.0);
        I == Uint / R;
        Uoutp == -1 / C * I'Integ;
end architecture BHV;
```

使用 VHDL-AMS 设计的 DAC 器件完整代码参见附录 A，读者可自行学习。

12.1.2 使用 Verilog-AMS 编程

Verilog-AMS 与 VHDL-AMS 类似，支持模拟、数字、数模混合电路系统的建模与仿真。

Verilog-AMS 和 VHDL-AMS 属于新的标准。作为硬件行为级的建模语言，Verilog-AMS 和 VHDL-AMS 分别是 Verilog 和 VHDL 的超集，而 Verilog-A 则是 Verilog-AMS 的一个子集。

Verilog-AMS 硬件描述语言是符合 IEEE 1364 标准的 Verilog HDL 的一个子集。它覆盖了由 OVI 组织建议的 Verilog HDL 的定义和语义，目的是让数模混合信号集成电路的设计者，既能用结构描述，又能用高级行为描述来创建和使用模块。所以，用 Verilog HDL 语言可以使设计者在整个设计过程的不同阶段（从结构方案的分析比较，直到物理器件的实现）均能使用不同级别的抽象。

12.2 电 路 仿 真

12.2.1 仿真工具

有时，我们需要对电路系统中的部分电路做电压与电流关系的详细分析，因此需要做晶体管级仿真（电路级），这种仿真算法中所使用的电路模型都是最基本的元件和单管。仿真时按时间关系对每一个节点的 I/V 关系进行计算。这种仿真方法在所有仿真手段中是最精确的，但也是最耗费时间的。

SPICE 是一种功能强大的通用模拟电路仿真器，具有几十年的历史，主要用于集成电路的电路分析程序中。SPICE 的网表格式是通常模拟电路和晶体管级电路描述的标准，其第一版本于 1972 年完成，用的是 Fortran 语言，1975 年推出正式实用化版本，1988 年被定为美国国家工业标准，主要用于 IC、模拟电路、数模混合电路、电源电路等电子系统的设计和仿真。由于 SPICE 仿真程序采用完全开放的政策，用户可以按自己的需要进行修改，加之实用性好，因此迅速得到推广，并被移植到多个操作系统平台。自从 SPICE 问世以来，其版本的更新持续不断，有 SPICE 2、SPICE 3 等多个版本，新版本主要在电路输入、图形化、数据结构和执行效率上有所增强。人们普遍认为 SPICE 2G5 是最为成功和有效的，以后的版本仅仅是局部的变动。同时，各种以伯克利的 SPICE 仿真程序的算法为核心的商用 SPICE 电路仿真工具也随之产生，运行在 PC 和 UNIX 平台，许多都是基于原始的 SPICE 2G6 版的源代码，这是一个公开发表的版本，它们都在 SPICE 的基础上做了很多实用化的工作，比较常见的 SPICE 仿真软件有 Hspice、Pspice、Spectre、Tspice、SmartSpice、IsSpice 等，虽然它们的核心算法雷同，但仿真速度、精度和收敛性却不一样，其中以 Synopsys 公司的 Hspice 和 Cadence 公司的 Pspice 最为著名。Hspice 是事实上的 SPICE 工业标准仿真软件，在业内应用最为广泛，它具有精度高、仿真功能强大等特点，但它没有前端输入环境，需要事前准备好网表文件，不适合初级用户，主要应用于集成电路设计；Pspice 是个人用户的最佳选择，具有图形化的前端输入环境，用户界面友好，性价比高，主要应用于 PCB 板和系统级的设计。

SPICE 仿真软件模型与仿真器是紧密集成在一起的，所以用户要添加新的模型类型是很困难的，但是添加新的模型非常容易，仅仅需要对现有的模型类型设置新的参数即可。

SPICE 模型由两部分组成：模型方程式（model equations）和模型参数（model parameters）。由于提供了模型方程式，因而可以把 SPICE 模型与仿真器的算法非常紧密地连接起来，以获得更好的分析效率和分析结果。

现在 SPICE 模型已经广泛应用于电子设计中，可对电路进行非线性直流分析、非线性瞬态分析和线性交流分析。被分析的电路中的元件可包括电阻、电容、电感、互感、独立电压源、独立电流源、各种线性受控源、传输线以及有源半导体器件。对于 SPICE 内建半导体器件模型，用户只需选定模型级别并给出合适的参数即可。

采用 SPICE 模型在 PCB 板级进行信号完整性（SI）分析时，需要集成电路设计者和制造商详细准确地描述集成电路 I/O 单元子电路的 SPICE 模型和半导体特性的制造参数。由于这些资料通常都属于设计者和制造商的知识产权和机密，所以只有较少的半导体制造商会在提供芯片产品的同时提供相应的 SPICE 模型。

SPICE 模型的分析精度主要取决于模型参数的来源即数据的精确性，以及模型方程式的适用范围。而模型方程式与各种不同的数字仿真器相结合时也可能会影响分析的精度。除此之外，PCB 板级的 SPICE 模型仿真计算量较大，分析比较费时。

12.2.2 测试向量

在构造测试向量时，经常使用一个由 MATLAB 生成的与 RF 调制波形对应的测试向量。

```octave
#!/usr/bin/octave
#
# Note: this is a script file of octave.
# Note: please use "octave modulate.s" to execute it.
#

# Note: In octave,the first line of script file cannot be function.
disp "----------------------------------------------"

# Note: There are a lot of built-in functions in Matlab already.
#       Now, we append the followings.
# Note: In Matlab,all functions shall be saved as seperated files
#       named "functionName.m" and put under LOADPATH.

# Note: convert I_bits --> I_rf
function I_rf_0 = modulateI (I_bits_0,steps,duration)
   # generate sin(x)
    phase = 0 : steps : duration * rows(I_bits_0) - steps;
    width = duration / steps;
    phase = reshape (phase,width,rows(I_bits_0));
    phase = phase';
    # generate I phase: 1 --> 0, 0 --> pi
    I_phase = I_bits_0 * ones(1, width) * pi + pi;
    # mix into RF
    I_rf = sin (I_phase + phase);
    I_rf_0 = reshape (I_rf',width * rows(I_bits_0),1);
endfunction

# Note: convert Q_bits --> Q_rf
function Q_rf_0 = modulateQ (Q_bits_0,steps,duration)
   # generate cos(x)
    phase = 0 : steps : duration * rows(Q_bits_0) - steps;
    width = duration / steps;
    phase = reshape (phase, width, rows(Q_bits_0));
    phase = phase';
```

SoC 设计原理与实战——轻松设计机器人

```octave
    # generate Q phase: 1 --> 0,0 --> pi
    Q_phase = Q_bits_0 * ones(1,width) * pi + pi;
    # mix into RF
    Q_rf = cos (Q_phase + phase);
    Q_rf_0 = reshape (Q_rf',width * rows(Q_bits_0),1);
endfunction

# Note: add some noice to a metrix.
function rf_1 = addNoice (rf_0,snr,diff)
    # generate noice
    f = 10 ** (snr / 10.0);
    noice = rand (rows(rf_0),1) - 0.5;
    # add noice
    rf_1 = rf_0 + f * noice;
    # add time differance
    rf_1 = shift (rf_1,diff);
endfunction
#
# Note: This is the command list of octave.
#

# Note: this is used to simulate modulate-demodulate of GSM.
# set the samples step = pi / 10
steps = pi / 10;
# set the length of bits.
m = 1000;
# set the duration of a bit.
duration = 4 * pi;
# generate I,Q
I_bits = rand (m,1) > 0.5;
Q_bits = rand (m,1) > 0.5;
# modulate it
I_rf = modulateI (I_bits,steps,duration);
Q_rf = modulateQ (Q_bits,steps,duration);
# mix as RF
rf_0 = I_rf + Q_rf;
#
# now,simulating it
#
for diff = 1 : 21
    for snr = 1 : 40
        # add noice
        rf_1 = addNoice (rf_0,20-snr,diff - 1);
```

```
      endfor
endfor
# show result
plot (rf_1);
pause (10);

# end of file
```

使用波形表示该模拟测试向量，可以得到类似图表，如图 12-2 所示。

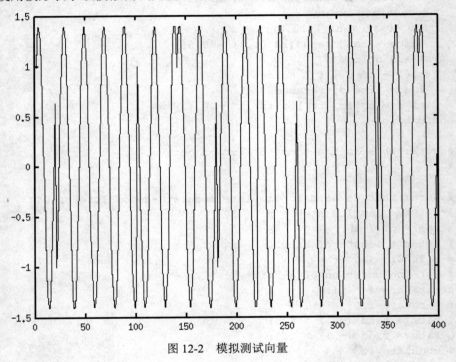

图 12-2   模拟测试向量

12.2.3   SPICE 仿真

导入之前生成的模拟测试向量到 GPADC_IN，通过 SPICE 工具，我们可以用测试向量驱动器件模型，从而得到类似图表，如图 12-3 所示。

通过时序仿真，需要检查输出信号是否符合我们生成的模拟测试向量。为了测试完整，包括所有场景，通常需要准备大量的测试向量，具体如表 12-1 所示。

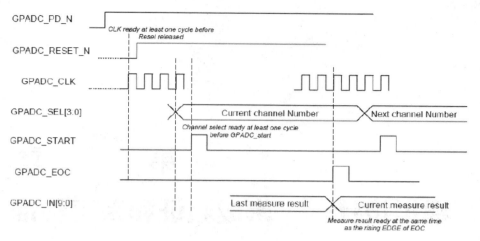

图 12-3　SPICE 仿真

表 12-1　基本分析类型包含的可选分析类型和辅助分析功能

基 本 类 型	可 选 类 型	辅 助 功 能
时域（瞬态）分析 time domain（transient）	❏ 蒙特卡罗分析/最坏情况分析 （Monte Carlo/worst case） ❏ 参数扫描分析 （parametric sweep） ❏ 温度特性分析 （temperature）	傅里叶分析（Fourier analysis）
直流扫描分析 （DC sweep）	❏ 二级扫描 （secondary sweep） ❏ 蒙特卡罗分析/最坏情况分析 （Monte Carlo/worst case） ❏ 参数扫描分析 （parametric sweep） ❏ 温度特性分析 （temperature）	
交流扫描分析 （AC sweep/noise）	❏ 蒙特卡罗分析/最坏情况分析 （Monte Carlo/worst case） ❏ 参数扫描分析 （parametric sweep） ❏ 温度特性分析 （temperature）	噪声分析（noise analysis）
直流工作点分析 （bias point）	❏ 温度特性分析 （temperature）	❏ 灵敏的分析 （sensitivity analysis） ❏ 小信号直流增益计算 （calculate small-signal DC gain）

模拟设计——集成验证和系统验证

任何模拟器件都不是单独存在的，因此要集成起来，进行系统验证，且需要考虑整个系统的特性。

13.1 噪声来源分析

低温度漂移电路设计要解决角速度的输出温度漂移问题。首先要设计低温漂电路，其中带宽对温度不敏感的运算放大器的设计是决定性因素。由于增益带宽积等于运放跨导与负载电容比值，当负载电容不变时，可设计恒定跨导运放以消除温度对带宽的影响，进而改善因温度变化造成的输出零位变化。

电路设计是传感器性能是否优越的关键因素。由于传感器输出端都是很微小的信号，如果噪声导致有用的信号被淹没，那就得不偿失了，所以加强传感器电路的抗干扰设计尤为重要。在这之前，必须了解传感器电路噪声的来源，以便找出更好的方法来降低噪声。

总的来说，传感器电路噪声主要有 7 种，下面来一一介绍。

13.1.1 低频噪声

低频噪声主要是由于内部的导电微粒不连续造成的。特别是碳膜电阻，其碳质材料内部存在许多微小颗粒，颗粒之间是不连续的，在电流流过时，会使电阻的导电率发生变化，从而引起电流的变化，产生类似接触不良的闪爆电弧。另外，晶体管也可能产生相似的爆裂噪声和闪烁噪声，其产生机理与电阻中微粒的不连续性相近，也与晶体管的掺杂程度有关。

13.1.2　半导体器件产生的散粒噪声

由于半导体 PN 结两端势垒区电压的变化引起累积在此区域的电荷数量改变，从而显现出电容效应。当外加正向电压升高时，N 区的电子和 P 区的空穴向耗尽区运动，相当于对电容充电。当正向电压减小时，它又使电子和空穴远离耗尽区，相当于电容放电。当外加反向电压时，耗尽区的变化相反。当电流流经势垒区时，这种变化会引起流过势垒区的电流产生微小波动，从而产生电流噪声。其产生噪声的大小与温度、频带宽度 Δf 成正比。

13.1.3　高频热噪声

高频热噪声是由于导电体内部电子的无规则运动产生的。温度越高，电子运动就越激烈。导体内部电子的无规则运动会在其内部形成很多微小的电流波动，因其是无序运动，故它的平均总电流为零，但当它作为一个元件（或作为电路的一部分）被接入放大电路后，其内部的电流就会被放大成为噪声源，特别是对工作在高频频段内的电路高频热噪声影响尤甚。

通常在工频内，电路的热噪声与通频带成正比，通频带越宽，电路热噪声的影响就越大。以一个 1 kΩ 的电阻为例，如果电路的通频带为 1 MHz，则呈现在电阻两端的开路电压噪声有效值为 4μV（设温度为室温 T=290 K）。看起来噪声的电动势并不大，但假设将其接入一个增益为 106 倍的放大电路，其输出噪声可达 4 V，这时对电路的干扰就很大了。

13.1.4　电路板上电磁元件的干扰

许多电路板上都有继电器、线圈等电磁元件，在电流通过时其线圈的电感和外壳的分布电容向周围辐射能量，其能量会对周围的电路产生干扰。像继电器等元件由于反复工作，通断电时会产生瞬间的反向高压，形成瞬时浪涌电流，这种瞬间的高压对电路将产生极大的冲击，从而严重干扰电路的正常工作。

13.1.5　晶体管的噪声

晶体管的噪声主要有热噪声、散粒噪声、闪烁噪声。

热噪声是载流子不规则的热运动通过 BJT 内 3 个区的体电阻及相应的引线电阻时产生的。其中基区体电阻（rbb）所产生的噪声是主要的。

通常所说的 BJT 中的电流，只是一个平均值。实际上通过发射结注入基区的载流子数目，在各个瞬时都不相同，因而发射极电流或集电极电流都有无规则的波动，会产生散粒噪声。

受半导体材料及制造工艺水平影响，使得晶体管表面清洁处理不好，从而引起的噪声称为闪烁噪声。它与半导体表面少数载流子的复合有关，表现为发射极电流的起伏，其电流噪声谱密度与频率近似成反比，又称 1/f 噪声。它主要在低频（1 kHz 以下）范围起主要作用。

13.1.6　电阻器的噪声

电阻的干扰来自于电阻中的电感、电容效应和电阻本身的热噪声。例如，一个阻值为 R 的实心电阻，可等效为电阻 R、寄生电容 C、寄生电感 L 的串并联。一般来说，寄生电容为 $0.1 \sim 0.5$ pF，寄生电感为 $5 \sim 8$ nH。在频率高于 1 MHz 时，这些寄生电感、电容就不可忽视了。

各类电阻都会产生热噪声，一个阻值为 R 的电阻（或 BJT 的体电阻、FET 的沟道电阻）未接入电路时，在频带宽度 B 内会产生热噪声电压。热噪声电压本身是一个非周期变化的时间函数，因此，它的频率范围是很宽广的。所以，宽频带放大电路受噪声的影响比窄频带大。

另外，电阻还会产生接触噪声，它是低频传感器电路的主要噪声源。

13.1.7　集成电路的噪声

集成电路的噪声干扰一般有两种：一种是辐射式，一种是传导式。这些噪声尖刺对接在同一交流电网上的其他电子设备会产生较大影响，噪声频谱可扩展至 100 MHz 以上。在实验室中，可以用高频示波器（100 MHz 以上）观察一般单片机系统板上某

SoC 设计原理与实战——轻松设计机器人

个集成电路电源与地引脚之间的波形，会看到噪声尖刺峰——峰值可达数百毫伏甚至伏级。

13.2　数字电路带来的电源噪声分析

13.2.1　电源线上的噪声

图 13-1 所示是比较典型的门电路输出级，当输出为高电平时，Q_3 导通，Q_4 截止；当输出为低电平时，Q_3 截止，Q_4 导通。这两种状态都会在电源与地之间形成高阻抗，这样就限制了电源的电流。

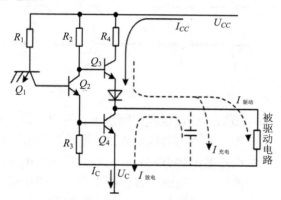

图 13-1　典型的门电路输出级

当状态发生变化时，暂时会有 Q_3 和 Q_4 管同时导通，这时在电源和地之间形成了短暂的低阻抗，产生了 30～100 mA 的尖峰电流。当门输出电平从低变为高时，电源不仅要保持输出电流，还要给寄生电容充电，使这个电流峰值达到饱和。由于电源线有不同程度的电感，因此当电流发生突变时，会产生感应电压，这就能观察到在电源线上的噪声。由于存在电源线阻抗，所以会造成电压的短暂跌落。

13.2.2　地线上的噪声

如图 13-2 所示，当产生上述尖峰电流时，地线上也会流过电流，特别是当输出电平由高变低时，寄生电容放电，地线上的峰值电流更大。由于地线总有不同程度的电感，也会感应出电压，这就形成了地线噪声。地线和电源线上的噪声不仅会使电路运行不好，还会产生较强的电磁辐射。

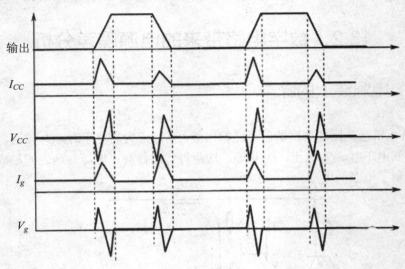

图 13-2   电源线、地线噪声电压波形

虽然解决地线噪声电压的方法可以在线路板上设置电源线网格来减小电感量，但要占有大量的布线空间。为了减小电源线电感量，通常可采取下面的方法：采用储能电容，作用是为芯片供给电路输出状态发生变化时所需的大电流，这样就减小了感应出的噪声电压，避免了电流突变。储能电容将电流变化限制在较小的范围内，减小了辐射，所以在线路板上使用电源线网格或电源线面（电源系统具有很小的电感）时可以增加一些储能电容。

13.3   模拟电路噪声分析

噪声是模拟电路设计的一个核心问题，它会直接影响能从测量中提取的信息量，以及获得所需信息的经济成本。遗憾的是，关于噪声有许多混淆和误导信息，可能导致性能不佳、高成本的过度设计或资源使用效率低下。

下面给出模拟设计中噪声分析的 11 个由来已久的误区。

❑   降低电路中的电阻值总是能改善噪声性能。

❑   所有噪声源的噪声频谱密度可以相加，带宽可以在最后计算时加以考虑。

❑   手工计算时必须包括每一个噪声源。

- 应挑选噪声为 ADC 1/10 的 ADC 驱动器。
- 直流耦合电路中必须始终考虑 1/f 噪声。
- 因为 1/f 噪声随着频率降低而提高，所以直流电路具有无限大噪声。
- 噪声等效带宽会使噪声倍增。
- 电压噪声最低的放大器是最佳选择。
- 在第一级提供大部分增益可实现最佳噪声性能。
- 给定阻值时，所有类型电阻的噪声相同。
- 给定足够长的采集时间，均值法可将噪声降至无限小。

13.4 功 耗 分 析

耗电（功率）分析主要用来分析芯片的耗电量。后端半定制设计中业界主要使用 Cadence 公司、Synopsys 公司和 Apache 公司的功耗分析工具来完成大部分的后端功耗分析工作。

1. Encounter Power System

Cadence 公司的 Encounter Power System 在整个设计与实现流程中提供了一致的、收敛的功耗与电源轨道完整性分析——跨越布图规划、电源规划、物理实现、优化与签收。它不仅帮助前端逻辑设计师获得高质量的、简单与早期的功耗和电源轨道分析，而且帮助后端物理工程师实现全面的签收分析与晶片关联。Encounter Power System 建立于 Si2 通用功率格式（CPF）的基础之上，处于 Cadence Low-Power Solution 的核心地位，它提供了统一的界面和数据库，用于时序、信号完整性、功率分析和诊断，在这些领域实现设计，即正确的优化与签收。

Cadence 公司的 Encounter Power System 工具如图 13-3 所示。

2. PrimeRail

Synopsys 公司的 PrimeRail 是一项全芯片的静态和动态电压降和电迁移（EM）分析解决方案。它拓展了 Synopsys 业界领先的 Galaxy 设计平台中用于电源网络分析验证（Sign-off）的解决方案。有了 PrimeRail，Galaxy 设计平台就能够提供对时序、信号完整性和电源网络电压降的全面解决方案。PrimeRail 的分析和修复指导技术，使设计人员能够轻松执行整个物理实现的电力联网核查。通过识别和修正电压降和电迁移问题，设计师可以在设计过程中消除昂贵的迭代后期。PrimeRail 提供高精度、全芯片 SoC 静态和动态轨道分析，以加速设计收敛。

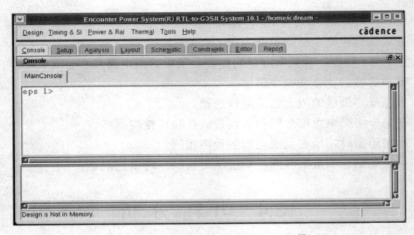

图 13-3　Encounter Power System 工具

PrimeRail 最主要的功能是检测 IR-Drop 是否符合标准。业界一般将 IR-Drop 分析分成静态和动态两种。静态 IR-Drop 方案将晶体管或标准单元的开关电流近似成电源网络的恒流或直流电源，通过简化芯片的动态电源特性在更高的抽象级上分析 IR-Drop 的全局性影响；动态分析通过 HSPICE 模型引入了逻辑门的寄生参数和耦合电容，并考虑每次翻转电流的动态波形，侧重于局部 IR-Drop 影响。

Synopsys 公司的 PrimeRail 工具如图 13-4 所示。

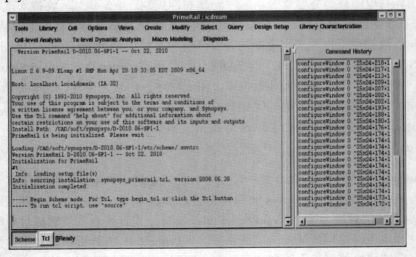

图 13-4　PrimeRail 工具界面

对于本芯片设计而言，由于无法直接连通电源，故应非常注重省电设计，要求芯片尽可能省电。

第 14 章

后端设计

经过之前的设计和验证，芯片前端设计基本结束。从本章起进入后端设计环节。

14.1　后端设计工具

14.1.1　Synopsys Design Compiler 逻辑综合工具

Synopsys Design Compiler（DC）根据设计描述和约束条件，并针对特定的工艺库，可自动综合出一个经过优化的门级电路。它可以接受多种输入格式，如硬件描述语言、原理图和网表等，产生多种性能报告，在缩短设计时间的同时提高设计性能。

Synopsys Design Compiler 是一个基于 UNIX 系统通过命令行进行交互的综合工具。所谓综合，就是在约束定义下，将设计的 RTL 级网表文件转化成门级网表文件。综合决定电路的门级结构，寻求时序和与面积的平衡，寻求功耗与时序的平衡，同时可增强电路的测试性。

逻辑综合的过程如下：综合工具首先分析 HDL 代码，用模型对综合后的 HDL 进行映射，这个模型是与技术库无关的；然后，在设计者设置的约束控制下，对这个模型进行逻辑优化；最后一步进行逻辑映射和门级优化，将逻辑根据约束，映射为专门的技术目标单元库（target library）中的 cell，形成综合后的网表。

综合约束主要分为环境约束和设计约束。环境约束主要是指操作环境、连线负载模型和系统接口定义。环境的定义直接影响综合的结果。

除了定义环境约束外，综合前还要定义设计约束，主要是设计规则约束和设计优化约束。设计规则约束是工艺库支持的设计规则，设计优化约束是为 DC 设定的时序和面积优化目标。

除了定义约束外，还要选择一种综合策略，即设计者将采用什么方式来进行综合设计。基本的策略主要有 3 种：自顶向下综合策略（top-down）、自底向上综合策略（bottom-up）和混合综合策略（mixed）。可以使用多种综合策略来进行综合设计。

综合流程如下：首先准备 RTL 级代码，然后定义设计环境和设计约束，编译设计，选用综合策略开始综合，最后分析综合结果并导出文件，流程如图 14-1 所示。

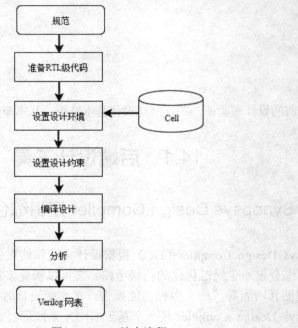

图 14-1　DC 综合流程

1. 准备 RTL 级代码、读 HDL 设计描述

综合工具 DC 并不兼容全部的 Verilog HDL 语言，它只接受一个子集，叫作可综合的 Verilog HDL，所以在进行综合前应确保设计的代码正确。接下来，将设计读入 DC，然后进行 link_design，确保所有的设计都可用。

2. 定义设计环境

对设计的综合环境进行设置，就是对操作环境、连线负载模型和系统接口定义设置参数。

3. 定义设计约束

定义设计约束包括定义设计规则约束和定义设计优化约束。设计规则约束是必须要满足的，主要包括最大传输时间、最大扇出负载和最大最小电容。一般来说，这些规则约束都在库文件里面包含，当设计者未定义时，DC 就会以库文件默认的规则综合，但是设计者可以自己调整以更适合自己的设计。定义设计优化约束主要包括时序约束和面积约束，具体有时钟定义、时钟延迟定义、时序例外定义等。另外，DC 还支持功耗优化。

4. 编译设计，选择综合策略综合

设置完约束后，在 3 种综合策略中选择一种综合策略进行综合。

5. 分析综合结果

综合完毕后，进行结果分析，包括时序分析、面积分析和功耗分析等。

6. 生成 Verilog 网表

对结果进行分析后，输出门级网表和 SDF 等文件。

14.1.2 Astro 自动布局布线工具

Synopsys 公司的 Astro 是在 ASIC 设计中流行的后端物理实现工具，是深亚微米芯片设计进行设计优化、布局、布线、计算时延的设计环境。Astro 可以满足 5000 万门、GHz 时钟频率、采用 0.10 μm 及以下工艺 SoC 设计的工程和技术需求。Astro 高性能的优化和布局布线能力主要归功于 Synopsys 在其中集成的两项最新技术：PhySiSys 和 Milkyway DUO 结构。

Astro 采用了特殊的构架，能使它在对最复杂的 IC 设计进行布局布线和优化的同时考虑各种物理效应。Astro 的快速周转能力和分布式算法使得其性能比 Apollo-II 和 Saturn 优越得多，完成设计的速度可以提高 3 倍。

Astro 在设计的每一个阶段都同时考虑时序、信号、功耗的完整性、面积的优化、布线的拥塞等问题，当物理层芯片形成后，以上各项也就取得了收敛。Astro 高效而精确地把物理层优化、提取、分析融入布局布线的各个阶段。这项突破性的技术解决了设计中的复杂问题，提供了高质量的优化结果。使用 Astro 可使设计速度提高约 15%，比任何一种其他的解决方案都有效。其优点主要在于以下几个方面。

 ❑ 迅速取得设计的收敛。

- ❑ 把物理层的优化、版图实现、分析（时序、噪声）紧密结合起来。
- ❑ 设计过程中计入了超深亚微米的效应。
- ❑ 加快时钟速度，缩短设计时间。
- ❑ 提高生产能力，保证最低的时钟脉冲相位差。
- ❑ 在 Synopsys 的时序解决方案中可以保持和 signoff 的工具结果一致，消除了不收敛问题。
- ❑ 与最新的生产工艺规则兼容。
- ❑ 缩短设计周期。

Astro 是功能强大的布局布线工具，其布局布线基本流程如下。

（1）读入网表，跟 Foundry 提供的标准单元库和 Pad 库以及宏模块库进行映射。

（2）整体布局，规定芯片的大致面积、引脚位置以及宏单元位置等粗略信息。

（3）读入时序约束文件，设置好 Timing Setup 菜单，为后面进行时序驱动的布局布线做准备。

（4）详细布局，力求使后面布线能顺利满足布线布通率 100%的要求和时序的要求。

（5）时钟树综合，为了降低 Clock Skew 而产生由许多 Buffer 单元组成的"时钟树"。

（6）布线，先对电源线和时钟信号布线，然后对信号线布线，目标是最大限度地满足时序。

（7）为满足 Design Rule 从而 Foundry 能成功制造出该芯片而做的修补工作，如填充一些 Dummy 等。

这 7 个步骤是基本流程，其中每个步骤都包含很多小步骤，并根据各个不同的芯片特点而有很多的变化。下面针对设计中的时序偏斜对第 5 部分时钟树综合进行重点分析。

时钟树综合是时序优化处理中最重要的一步。时钟树综合的目的是为了减小时钟偏斜和传输延迟，通常是将最重要的时钟放到最后来综合，这是因为前面综合的时钟可能会因后面插入的缓冲器而受到影响。这些缓冲器在芯片内部应均匀分布，力求使时钟偏斜和传输延迟保持在设计范围之内。

时钟树综合解决时钟偏斜的一般方法是：通过分析时钟线路延迟，在时钟树中插入不同尺寸、不同驱动能力的缓冲器以改变时钟信号到达触发器的延时，使时钟信号能在同一时间到达各个触发器，让时钟偏斜近似为零。用这种方法可以使电路尽可能不受时钟偏斜的影响，正确工作。

在进行完时钟树综合与优化之后，可得到电路的时钟树偏斜报告，报告包括全局偏斜（global skew）、局部偏斜（local skew）和有用偏斜（useful skew）。此时的时序应为正，否则还要进行继续优化。

14.2 怎样把设计变成芯片

生产设计又叫作后端设计，主要任务是综合，即把之前编写的代码变成网表，需要准备的数据和需要进行的操作如图 14-2 所示。

后端设计数据准备		
● 设计网表	gate-level netlist	
● 设计约束文件	SDC file	
● 物理库文件	sc.lef/io.lef/macro.lef	
● 时序库文件	sc.lib/io.lib/macro.lib	
● I/O文件	I/O constraints file（.tdf）	
● 工艺文件	technology file（.tf）	
● RC模型文件	TLU+	

□ 进行消除布线拥塞（congestion）、优化时序、减小耦合效应（coupling）、消除串扰（crosstalk）、降低功耗、保证信号完整性（signal integrity）、预防DFM问题和提高良品率等布线的优化工作是衡量布线质量的重要指标

□ VLSI电路多层布线采用自动布线方法，在实施过程中，它被分为全局布线（global routing）、详细布线（detail routing）和布线修正（search and repair）3 个步骤来完成。自动布线的质量依赖于布局的效果以及EDA工具所采用的布线算法和优化方法

图 14-2　后端设计需要准备的数据和需要进行的操作

14.2.1 布局分区

集成电路的后端设计主要包括版图的设计和验证。一般采用 Cadence 的 Virtuoso Layout Editor 版图设计环境进行版图设计，利用 Virtuoso Layout Editor 的集成验证工具 DIVA 进行验证。验证的整个过程包括设计规则检查（design rule checking，DRC）、电学规则检查（electronics rule checking，ERC）、电路图版图对照（layout versus schematic，LVS）以及版图寄生参数提取（layout parameter extraction，LPE）。

首先来介绍版图设计（layout），它一般包括 3 个方面：整体设计、分层设计和版图检查。

1. 整体设计

整体设计就是确定版图的主要模块和焊盘的布局。这个布局图应该和功能框图或电路图大体一致，然后根据模块的面积大小进行调整。布局设计的另一个重要任务是焊盘的布局。焊盘的安排要便于内部信号的连接，要尽量节省芯片面积以减少制作成本。焊盘的布局还应该便于测试，特别是晶圆测试。

2. 分层设计

设计者按照电路功能划分整个电路，对每个功能块进行再划分，每一个模块对应一个单元。从最小模块开始到完成整个电路的版图设计，设计者需要建立多个单元。这一步就是自顶向下的设计。这样做有很多好处，最为突出的优点是当在整个电路多次出现的某一个模块需要修改时，直接在下一层次修改该模块，上一层的所有相同单元会一并得到修改，结构严谨、层次清晰。

3. 版图检查

（1）执行 DRC 程序，对每个单元版图进行设计规则检查，并修改错处。

在画版图的过程中要不时地进行设计规则检查。运行 DRC，程序就按照 Diva 规则检查文件运行，发现错误时，会在错误的地方做出标记（mark），并且做出解释（explain）。设计者可以根据提示进行修改。需要注意的是，DRC 要在画图过程中经常进行，及时发现问题及时修改，不要等到版图基本完成后再做，这时再出现错误往往很难修改，因为各个器件的位置已经相对固定，对于电路一处的改动往往牵连多个相邻的器件，从而造成更多问题。

（2）执行 EXT 程序，对版图进行包括电路拓扑结构、元件及其参数的提取。

设计规则检查只检验几何图形的正确与否。在电路方面的错误，要用到 Cadence 提供的另外两种功能：Extract 和 LVS。Extract 是系统根据版图和工艺文件提取版图的电路特性，也就是"认出"版图代表什么电路器件，NMOS 或 PMOS，还是其他。电路提取后的版图作为单元的另外一种视图（Extracted）保存下来。

（3）执行 LVS 程序，将提取出的版图与电路图进行对照并修改，直到版图和电路图完全一致。LVS 就是把 Extracted 与单元的另外一种视图——Schematic 做比较，检查版图实现的电路是否有错。所以，在 LVS 之前应该把设计好的电路图做出来。

（4）寄生参数的提取和后仿真。

在实际电路的制作过程中，会产生 3 种寄生参数，分别为寄生电容、寄生电感和寄生电阻。这 3 类寄生参数会给电路带来两方面影响。

- ❑ 引入噪声，影响电路的稳定性和可靠性。
- ❑ 增加传输延迟，影响电路速度。寄生电阻多由金属或多晶硅布线层产生。寄生电容主要由金属连线和掺杂区产生。寄生电容是集成电路中最重要的寄生参数，是影响电路性能的主要因素。

寄生参数的提取就是根据版图的几何特征（金属块、掺杂区的面积、周长及与周围的布线的间距），估计出寄生的电阻和电容值，然后把这些寄生参数反标回电路中进行模拟，以优化电路设计。

SoC 设计原理与实战——轻松设计机器人

（5）在电路外围做上焊盘和保护环。

焊盘作为电路的输入和输出，可用于芯片测试；而保护环用以连接对地的 PAD，能够隔离衬底噪声。

（6）版图的最终完成。

确认版图设计无误后，就可以生成 GDSII 或 CIF 文件。这两种文件都是国际通用的标准版图数据文件格式。芯片制造厂家根据 GDSII 或 CIF 文件来制作掩膜和芯片。

图 14-3 就是一个典型的版图设计。

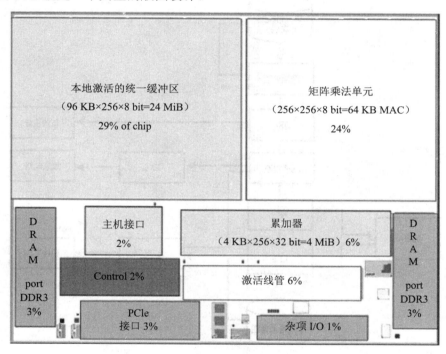

图 14-3　版图

从芯片面积占用大小来看，24 MiB 的统一缓冲区占了整个 AI 协处理器面积的 1/3，乘法单元占了整个 AI 协处理器面积的 1/4，控制单元占了整个 AI 协处理器面积的 2%。

14.2.2　验证的具体方法

1. 版图验证

版图画好之后，就要对其进行验证。版图编辑要按照一定的设计规则来进行，也就是要通过 DRC 检查。编辑好的版图通过了设计规则的检查后，有可能还有错误，这些错误不是由于违反了设计规则，而是可能与实际线路图不一致。例如，版图中少连了一根铝线，这样的小毛病对整个芯片来说是致命的，所以编辑好的版图还要通过 LVS 验证。同时，编辑好的版图通过寄生参数提取程序来提取出电路的寄生参数，电路仿真程序可以调用这个数据来进行后模拟。

图 14-4 所示的框图可以更好地理解版图验证流程。

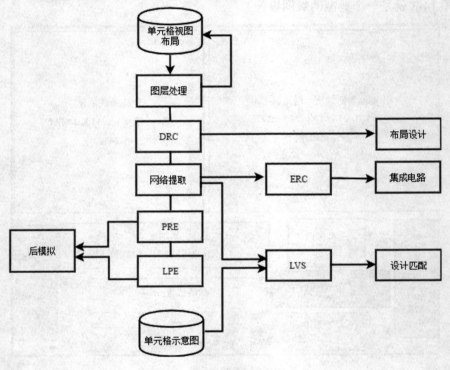

图 14-4　版图验证流程

　　验证工具有很多，一般可以采用的是 Cadence 环境下的验证工具集 DIVA。DIVA 的各个组件之间是互相联系的，有时候一个组件的执行要依赖另一个组件先执行。例如，要执行 LVS，就先要执行 DRC 等。在 Cadence 系统中，DIVA 集成在版图编辑程序 Virtuoso 和线路图编辑程序 Composer 中，在这两个环境中都可以激活 DIVA。要运行 DIVA，还要准备好规则验证的文件。可以把这个文件放在任何目录下。这些文件有各自的默认名称，如设计规则文件一般叫作 divaDRC.rul，版图提取规则文件一般叫作 divaEXT.rul。做 LVS 时，规则文件一般叫作 divaLVS.rul。后端工作具体方法如图 14-5 所示。

首先，要做 DRC 检查。注意要在 Switch Names 中选择相应的工艺。本例中，使用的是 2 层金属 4 层多晶硅工艺，因此选择 2P4M，如图 14-5（a）所示。通过之后再做 LVS，这时要给版图文件标上端口，这是 LVS 的一个比较的开始点，而且端口的名称要和 Schematic 中的 Pin Name 一一对应。在 LSW 窗口中，选中 metal（pn）层（或 poly pn 层，视情况而定），pn 指的是引脚 pin；然后在 Virtuoso 环境菜单中选择 Create-Pin，这时会出来一个窗口，如图 14-5（b）所示。

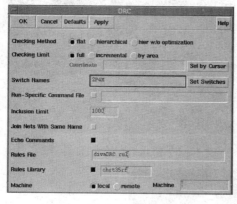

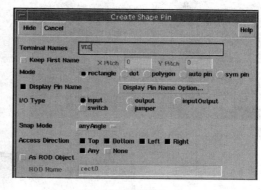

（a）DRC 窗口　　　　　　　　　（b）创建版图端口窗口

图 14-5　后端工作方法

填上端口的名称（Terminal Names 和 Schematic 中的名字一样）、模式（Mode，一般选 rectangle）、输入/输出类型（I/O Type）等。至于 Display Pin Name 属于可选择项，选上后，端口的名称可以在版图中显示。这些端口仅表示连接关系，并不生成加工用的掩模板，只要求与实际版图上的导线接触即可，没有规则可言。

2. 后仿真

所谓后仿真（post layout simulation）是在 Layout 通过了 DRC 和 LVS 后才开始做的，通过模拟提取出来的网表可以精确地评估电路的速度，以及寄生参数带来的影响。后仿真的结果如果不能满足要求，那么就要重新调整器件参数甚至电路的形式。

后仿真的步骤如图 14-6 所示。

（1）将在 LVS 中使用的 Schematic 文件，如 driver，生成它的 symbol view。

（2）调用上面生成的 symbol，建立一个新的仿真用 Schematic 视图，如图 14-6（a）所示。调用 Analog Artist 并模拟这个线路，当然这样所得到的结果是理想波形。

（3）进行版图提取（Extractor）。和 LVS 时的版图提取稍有不同，LVS 版图提取时只要提取基本电路，而在这里还要同时提取寄生电阻和电容。设置情况如图 14-6（b）所示。

（4）在 Analog Artist 中重新设置，进行后模拟，具体设置方法为：在 Setup 菜单中选择 Environment 项，查看 Switch View List 这一行表示的是否为模拟器要模拟的文件类型。默认的设置里面没有 Extracted 这个文件类型，要把它加进去，而且要加在 Schematic 之前，如图 14-6（c）所示。

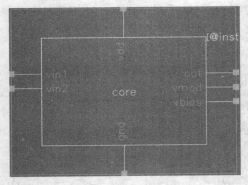

（a）仿真用的 schematic 视图

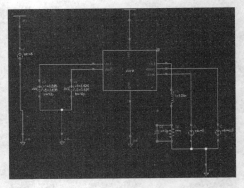

（b）Extractor 的设置

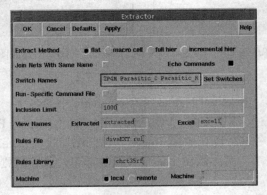

（c）Environment 选项的设置

图 14-6　后仿真步骤

设置完毕后，调用前面建立的仿真用的 Test Schematic 就能够进行后仿真了。注意提取出来的 Extracted 视图要与前仿真用的 Schematic 视图在同一个目录下，后仿真才能正常进行。最终得到结果。

14.2.3　生产工艺

现在大多数芯片都是采用 CMOS 工艺，而且生产工艺越来越精细。标准 CMOS

工艺流程如表 14-1 所示。

表 14-1 标准 CMOS 工艺流程

流　　　程	示　　　例
1．初始清洗 初始清洗就是将晶圆放入清洗槽中,利用化学或物理的方法将晶圆表面的尘粒或杂质去除,以防止这些杂质尘粒对后续的工艺造成影响,使器件无法正常工作	 初始清洗
2．前置氧化 利用热氧化法生长一层二氧化硅薄膜,目的是为了降低后续生长氮化硅薄膜工艺中的应力(Stress)。氮化硅具有很强的应力,会影响晶圆表面的结构,因此在这一层氮化硅及硅晶圆之间,生长一层二氧化硅薄膜来减缓氮化硅与硅晶圆间的应力	 前置氧化
3．淀积氮化硅 利用低压化学气相沉积(LPCVD)的技术,沉积一层氮化硅,用于为离子注入的 Mask 及后续工艺中,定义 P 型阱区域	 淀积氮化硅
4．P 阱的形成 将光刻胶涂在晶圆上之后,利用光刻技术,将所要形成的 P 型阱区的图形定义出来,即将所要定义的 P 型阱区的光刻胶去除掉	 P 阱的形成
5．去除氮化硅 将晶圆表面的氮化硅,利用干法刻蚀的方法将其去除掉	 去除氮化硅
6．P 阱离子注入 利用离子注入的技术,将硼打入晶圆中,形成 P 型阱。接着利用无机溶液,如硫酸或干式臭氧(O$_3$)烧除法将光刻胶去除	 P 阱离子注入

流　程	示　例
7. P 阱退火及氧化层的形成 将晶圆放入炉管中，做高温处理，以达到硅晶圆退火的目的，并且顺便形成一层 N 型阱的离子注入 mask 层，以阻止下一步骤中（N 型阱的离子注入）N 型掺杂离子被打入 P 型阱内	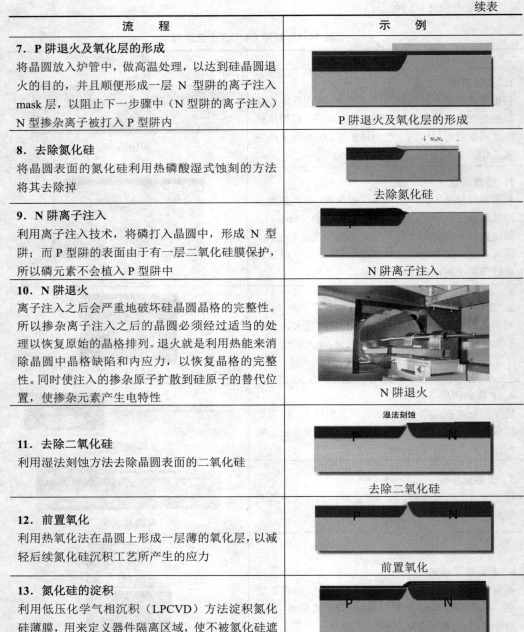P 阱退火及氧化层的形成
8. 去除氮化硅 将晶圆表面的氮化硅利用热磷酸湿式蚀刻的方法将其去除掉	↓ Si₃N₄ 去除氮化硅
9. N 阱离子注入 利用离子注入技术，将磷打入晶圆中，形成 N 型阱；而 P 型阱的表面由于有一层二氧化硅膜保护，所以磷元素不会植入 P 型阱中	P N 阱离子注入
10. N 阱退火 离子注入之后会严重地破坏硅晶圆晶格的完整性。所以掺杂离子注入之后的晶圆必须经过适当的处理以恢复原始的晶格排列。退火就是利用热能来消除晶圆中晶格缺陷和内应力，以恢复晶格的完整性。同时使注入的掺杂原子扩散到硅原子的替代位置，使掺杂元素产生电特性	N 阱退火
11. 去除二氧化硅 利用湿法刻蚀方法去除晶圆表面的二氧化硅	湿法刻蚀 P　N 去除二氧化硅
12. 前置氧化 利用热氧化法在晶圆上形成一层薄的氧化层，以减轻后续氮化硅沉积工艺所产生的应力	P　N 前置氧化
13. 氮化硅的淀积 利用低压化学气相沉积（LPCVD）方法淀积氮化硅薄膜，用来定义器件隔离区域，使不被氮化硅遮盖的区域可被氧化而形成组件隔离区	P　N 氮化硅的淀积

SoC 设计原理与实战——轻松设计机器人

流　程	示　例
14. 元件隔离区的掩膜形成 利用光刻技术，在晶圆上涂布光刻胶，进行光刻胶曝光与显影，接着将氧化绝缘区域的光刻胶去除，以定义器件隔离区	 元件隔离区的掩膜形成
15. 氮化硅的刻蚀 以活性离子刻蚀法去除氧化区域上的氮化硅，接着再将所有光刻胶去除	 氮化硅的刻蚀
16. 元件隔离区的氧化 利用氧化技术，长成一层二氧化硅膜，形成器件的隔离区	 元件隔离区的氧化
17. 去除氮化硅 利用热磷酸湿式蚀刻的方法将其去除掉	 去除氮化硅
18. 利用氢氟酸去除电极区域的氧化层 除去氮化硅后，将晶圆放入氢氟酸化学槽中，去除电极区域的氧化层，以便能在电极区域重新成长品质更好的二氧化硅薄膜，作为电极氧化层	 利用氢氟酸去除电极区域的氧化层
19. 电极氧化层的形成 此步骤为制作 CMOS 的关键工艺，利用热氧化法在晶圆上形成高品质的二氧化硅，作为电极氧化层	 电极氧化层的形成
20. 电极多晶硅的淀积 利用低压化学气相沉积（LPCVD）技术在晶圆表面沉积多晶硅，以作为连接导线的电极	 电极多晶硅的淀积
21. 电极掩膜的形成 涂布光刻胶在晶圆上，再利用光刻技术将电极的区域定义出来	 电极掩膜的形成

流　程	示　例
22．活性离子刻蚀 利用活性离子刻蚀技术刻蚀出多晶硅电极结构，再将表面的光刻胶去除	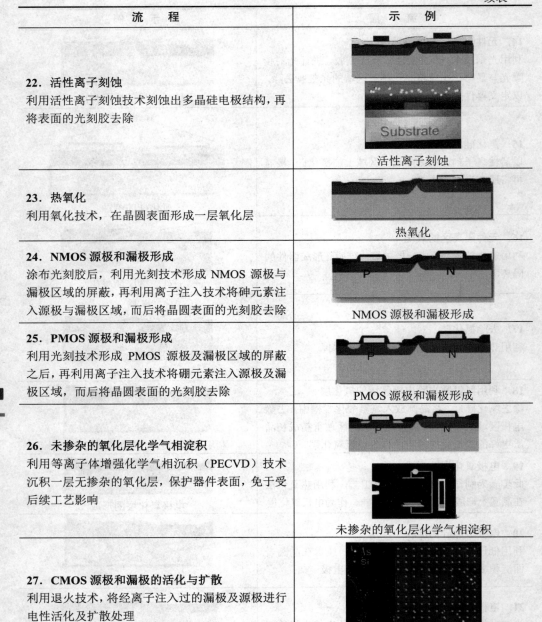 活性离子刻蚀
23．热氧化 利用氧化技术，在晶圆表面形成一层氧化层	热氧化
24．NMOS 源极和漏极形成 涂布光刻胶后，利用光刻技术形成 NMOS 源极与漏极区域的屏蔽，再利用离子注入技术将砷元素注入源极与漏极区域，而后将晶圆表面的光刻胶去除	NMOS 源极和漏极形成
25．PMOS 源极和漏极形成 利用光刻技术形成 PMOS 源极及漏极区域的屏蔽之后，再利用离子注入技术将硼元素注入源极及漏极区域，而后将晶圆表面的光刻胶去除	PMOS 源极和漏极形成
26．未掺杂的氧化层化学气相淀积 利用等离子体增强化学气相沉积（PECVD）技术沉积一层无掺杂的氧化层，保护器件表面，免于受后续工艺影响	未掺杂的氧化层化学气相淀积
27．CMOS 源极和漏极的活化与扩散 利用退火技术，将经离子注入过的漏极及源极进行电性活化及扩散处理	CMOS 源极和漏极的活化与扩散

SoC 设计原理与实战——轻松设计机器人

流　　程	示　　例
28. 淀积含硼磷的氧化层 加入硼磷杂质的二氧化硅有较低的熔点，硼磷氧化层（BPSG）加热到800℃时会有软化流动的特性，可以利用其来进行晶圆表面初级平坦化，以利后续光刻工艺条件的控制	淀积含硼磷的氧化层
29. 接触孔的形成 涂布光刻胶，利用光刻技术形成第一层接触金属孔的屏蔽。再利用活性离子刻蚀技术刻蚀出接触孔	接触孔的形成
30. 溅镀 Metal1 利用溅镀技术，在晶圆上溅镀一层钛/氮化钛/铝/氮化钛的多层金属膜	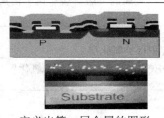 溅镀 Metal1
31. 定义出第一层金属的图形 利用光刻技术定义出第一层金属的屏蔽，接着将铝金属利用活性离子刻蚀技术刻蚀出金属导线的结构	 定义出第一层金属的图形
32. 淀积二氧化硅 利用 PECVD 技术，在晶圆上沉积一层二氧化硅介电质，作为保护层	 淀积二氧化硅
33. 涂上二氧化硅 将流态的二氧化硅（spin on glass，SOG）旋涂在晶圆表面，使晶圆表面平坦化，以利后续的光刻工艺条件控制	 涂上二氧化硅
34. 将 SOG 烘干 由于 SOG 是将二氧化硅溶于溶剂中，因此必须要将溶剂加热去除掉	将 SOG 烘干

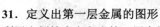

第 14 章　后端设计

流　程	示　例
35.　淀积介电层 淀积一层介电层	淀积介电层
36.　Metal2 接触通孔的形成 利用光刻技术及活性离子刻蚀技术制作通孔 （via），以作为两金属层之间连接的孔道，之后去 掉光刻胶	Metal2 接触通孔的形成
37.　Metal2 的形成 沉积第二层金属膜在晶圆上，利用光刻技术制作 出第二层金属的屏蔽，接着蚀刻出第二层金属连 接结构	Metal2 的形成
38.　淀积保护氧化层 利用 PECVD 方法沉积出保护氧化层	淀积保护氧化层
39.　氮化硅的淀积 利用 PECVD 沉积出氮化硅膜，形成保护层	氮化硅的沉积
40.　PAD 的形成 利用光刻技术在晶圆表层制作出金属焊盘（pad） 的屏蔽图形。利用活性离子蚀刻技术蚀刻出焊盘区 域，以作为后续集成电路封装工艺时连接焊线的接 触区	PAD 的形成
41.　对元件进行退火处理 此步骤的目的是让器件有良好的金属电性接触与 可靠性，至此一个 CMOS 晶体管完成	元件退火处理

SoC 设计原理与实战——轻松设计机器人

14.2.4　封装工艺

芯片经过多层印刷生产出来之后，需要封装引脚，变成正式芯片。随着集成电路技术的发展，对集成电路的封装要求更加严格。这是因为封装技术关系到产品的功能性，当 IC 的频率超过 100 MHz 时，传统封装方式可能会产生所谓的 CrossTalk 现象，而且当 IC 的引脚数大于 208 Pin 时，传统的封装方式有其困难度。因此，除使用 QFP 封装方式外，现今大多数高引脚数芯片（如图形芯片与芯片组等）皆转而使用 BGA（ball grid array package）封装技术，如图 14-7 所示。BGA 一出现便成为 CPU、主板上南/北桥芯片等高密度、高性能、多引脚封装的最佳选择。

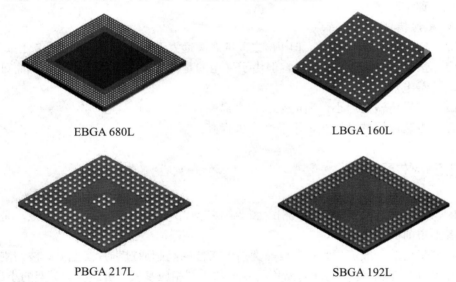

EBGA 680L　　　　　　　　　　　　　　LBGA 160L

PBGA 217L　　　　　　　　　　　　　　SBGA 192L

图 14-7　BGA 封装

BGA 封装方式经过十多年的发展已经进入实用化阶段。1987 年，日本西铁城（Citizen）公司开始着手研制塑封球栅面阵列封装的芯片（BGA）。而后，摩托罗拉、康柏等公司也加入开发 BGA 的行列。1993 年，摩托罗拉率先将 BGA 应用于移动电话。同年，康柏公司也在工作站、PC 上加以应用。直到 Intel 公司在计算机 CPU（即 Pentium II、Pentium III、Pentium IV 等），以及芯片组（如 i850）中开始使用 BGA，这对 BGA 应用领域的扩展起了推波助澜的作用。目前，BGA 已成为极其热门的 IC 封装技术。

BGA 封装技术可详分为以下五大类。

- ❑ PBGA（Plastic BGA）基板：一般为由 2～4 层有机材料构成的多层板。Intel 系列 CPU 中，Pentium II、Pentium III、Pentium IV 处理器均采用这种封装形式。
- ❑ CBGA（Ceramic BGA）基板：陶瓷基板，芯片与基板间的电气连接通常采用倒装芯片（FlipChip，FC）的安装方式。Intel 系列 CPU 中，Pentium I、Pentium II、Pentium Pro 处理器均采用过这种封装形式。
- ❑ FCBGA（Filp Chip BGA）基板：硬质多层基板。
- ❑ TBGA（Tape BGA）基板：基板为带状软质的 1～2 层 PCB 电路板。
- ❑ CDPBGA（Carity Down PBGA）基板：指封装中央有方型低陷的芯片区（又称空腔区）。

BGA 封装具有以下特点。

- ❑ I/O 引脚数虽然增多，但引脚之间的距离远大于 QFP 封装方式，提高了成品率。
- ❑ 虽然 BGA 的功耗增加，但由于采用的是可控塌陷芯片法焊接，从而可以改善电热性能。
- ❑ 信号传输延迟小，适应频率大大提高。
- ❑ 组装可用共面焊接，可靠性大大提高。

14.2.5 生产验证

IC 芯片封装后，需要进行测试，以确保芯片的正确性。这对芯片来说，是流片后或者上市前的必须环节。

测试工艺的一般流程为：来自晶圆前道工艺的晶圆通过划片工艺后，被切割为小的晶片（die），然后将切割好的晶片用胶水贴装到相应基板（引线框架）架的小岛上，再利用超细的金属（金、锡、铜、铝）导线或者导电性树脂将晶片的接合焊盘（bond pad）连接到基板的相应引脚（lead），并构成所要求的电路；然后对独立的晶片用塑料外壳加以封装保护，塑封之后，还要进行一系列操作，如后固化（post mold cure）、切筋和成型（trim&form）、电镀（plating）以及打印等工艺。封装完成后进行成品测试，通常经过入检（incoming）、测试（test）和包装（packing）等工序，最后入库出货。典型的封装工艺流程为划片、装片、键合、塑封、去飞边、电镀、打印、切筋和成型、外观检查、成品测试、包装出货。

大公司每日流水的芯片有几万片，测试的压力非常大。芯片被晶圆厂制作出来后，会进入 wafer test（晶圆测试）阶段。该阶段的测试可能在晶圆厂内进行，也可能送往附近的测试厂商代理执行。生产工程师会使用自动测试仪器（ATE）运行芯片设计方给出的程序，粗暴地把芯片分成好的和坏的两部分，坏的会直接被舍弃，如果这个阶段坏片过多，基本会认为是晶圆厂自身的良品率低下。wafer test 的测试结果如图 14-8 所示。

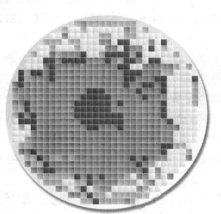

图 14-8　wafer test 结果示意图

通过 wafer test 后，晶圆会被切割。切割后的芯片按照之前的结果分类。只有好的芯片会被送去封装厂封装。封装的地点一般就在晶圆厂附近，这是因为未封装的芯片无法长距离运输。封装的类型看客户的需要，有的需要球形 BGA，有的需要针脚，总之这一步很简单，故障也较少。由于封装的成功率远大于芯片的生产良品率，因此封装后不会测试。

封装之后，芯片会被送往各大公司的测试工厂，也叫生产工厂，进行 final test（终测）。生产工厂内实际上有十几个流程，final test 只是第一步。在 final test 后，还需要分类、刻字、检查封装、包装等步骤，然后就可以出货到市场。

final test 是工厂的重点，需要大量的机械和自动化设备。它的目的是把芯片严格分类。以 Intel 处理器为例，在 final test 中可能出现以下现象。

❑　虽然通过了 final test，但是芯片仍然是坏的。

❑　封装损坏。

❑　芯片部分损坏。比如，CPU 有两个核心损坏，或者 GPU 损坏，或者显示接口损坏等。

❑　芯片是好的，没有故障。

这时，工程师需要和市场部一起决定，该如何将这些芯片分类。比如，GPU 坏了的，可以当作无显示核心的"赛扬"系列处理器；如果 CPU 坏了两个的，可以当

"酷睿 i3"系列处理器；芯片工作正常，但是工作频率不高的，可以当"酷睿 i5"系列处理器；一点问题都没有的，可以当"酷睿 i7"处理器。

以处理器举例，final test 可以分成两个步骤：自动测试设备（ATE）和系统级别测试（SLT）。第二步是必要项。第一步设备较贵，一般小公司用不起。

ATE 的测试一般需要几秒，而 SLT 需要几个小时。ATE 的存在大大地减少了芯片测试时间。

ATE 负责的项目非常多，而且有很强的逻辑关联性。测试必须按顺序进行，针对前列的测试结果，后列的测试项目可能会被跳过。这些项目的内容属于公司机密，这里仅列几个，如电源检测、管脚 DC 检测、测试逻辑（一般是 JTAG）检测、burn-in、物理连接 PHY 检测、IP 内部检测（包括 scan、BIST、function 等）、IP 的 IO 检测（如 DDR、SATA、PLL、PCIE、display 等）、辅助功能检测（如热力学特性、熔断等）。这些测试项都会给出 Pass/Fail，根据这些 Pass/Fail 来分析芯片的体质是测试工程师的工作。

SLT 在逻辑上则简单一些，把芯片安装到主板上，配置好内存、外设，启动一个操作系统，然后用软件烤机测试，记录结果并比较。另外还要检测 BIOS 相关项等。

14.3 实 物 验 证

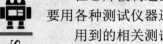

在芯片被制造出来之前，都是用设计模型进行仿真验证；芯片被制造出来之后，要用各种测试仪器进行实物验证。

用到的相关测试仪器如下。

- ❑ 信号发生仪（产生测试向量来驱动芯片）。
- ❑ 网络分析仪（对 RF 芯片进行网络分析）。
- ❑ 逻辑分析仪（反映数字芯片的数字时序信号）。
- ❑ 示波器（反映模拟芯片的模拟时序信号）。

14.4 成 本 估 算

芯片的成本包括芯片的硬件成本和芯片的设计成本。

其中，芯片硬件成本包括晶片成本、掩膜成本、测试成本和封装成本 4 部分（像 ARM 阵营的 IC 设计公司，要支付给 ARM 设计研发费以及每一片芯片的版税），而且还要除去那些测试封装废片。

成本的计算公式为：

芯片硬件成本=（晶片成本+测试成本+封装成本+掩膜成本）/最终成品率

从二氧化硅到市场上出售的芯片，要经过制取工业硅、制取电子硅，再进行切割打磨制取晶圆。晶圆是制造芯片的原材料，晶片成本可以理解为每一片芯片所用的材料（硅片）的成本。一般情况下，特别是产量足够大，而且拥有自主知识产权，以亿为单位量产来计算的话，晶片成本占比最高。

封装是将基片、内核、散热片堆叠在一起，形成大家日常所见的CPU，封装成本就是这个过程所需要的资金。在产量巨大的情况下，封装成本一般占硬件成本的5%～25%，不过 IBM 的一些芯片封装成本能占到总成本一半左右，据说最高的曾达到过70%。测试可以鉴别出每一颗处理器的关键特性，如最高频率、功耗、发热量等，还可以决定处理器的等级，不过，如果芯片产量足够大，测试成本可以忽略不计。

掩膜成本就是采用不同制程工艺所需要的成本，40/28 nm 的工艺已经非常成熟，成本也低。40 nm 低功耗工艺的掩膜成本约为 200 万美元，28 nm SOI 工艺约的成本为 400 万美元，28 nm HKMG 成本约为 600 万美元。

下面来看一个芯片成本计算示例。

由于在将晶圆加工、切割成晶片时，并不能保证 100%利用率，因而存在一个成品率的问题，所以晶片的成本用公式表示就是：

晶片的成本=晶圆的成本/（每片晶圆的晶片数×晶片成品率）

由于晶圆是圆形的，而晶片是矩形的，必然导致一些边角料会被浪费，所以每个晶圆能够切割出的晶片数就不能简单地用晶圆的面积除以晶片的面积，而是要考虑晶片成品率。

例如，自主 CPU-X 的长约为 15.8 mm，宽约为 12.8 mm（长宽比为 37：30，将一个 4 核芯片的长宽比控制在这个比例并不容易），面积约为 200 mm^2（为方便计算把零头去掉了）。一个 12 in（30.48 cm）的晶圆有 70000 mm^2 左右，于是一个晶圆可以放 299 个自主 CPU-X，考虑晶片成品率为 49%，也就是说一个 12 in 晶圆可以出 146 个好芯片，而一个 12 in 晶圆的价格为 4000 美元，分摊到每一片晶片上，成本为 28 美元。

封装和测试的成本没有具体的公式，只是测试的价格大致和针脚数的 2 次方成正比，封装的成本大致和针脚乘功耗的 3 次方成正比。如果 CPU-X 采用 40 nm 低功耗工艺的自主芯片，其测试成本约为 2 美元，封装成本约为 6 美元。

如 40 nm 低功耗工艺掩膜成本为 200 万美元，如果该自主 CPU-X 的销量达到 10 万片，则掩膜成本为 20 美元，将测试成本=2 美元、封装成本=6 美元、晶片成本=28 美元代入公式，则芯片硬件成本=(20+2+6)/0.49+28=85 美元。

第 **15** 章

警用机器人的硬件集成

由于项目的前瞻性和预言性，警用机器人的一些硬件组成部分是通过 3D 打印机完成的。本章主要介绍如何通过 3D 打印设计连接结构、如何设计 PCB 级别的硬件并进行连接和组装。PCB 硬件主要包括总体设计、最小系统设计、启动及复位电路设计、供电电路设计、充电电路设计、姿态控制电路设计，以及电机驱动电路设计。

15.1　通过 3D 打印设计连接结构

15.1.1　3D 打印设备

在样机阶段，我们使用 3D 打印技术制作样机。因为在该阶段，大部分设计还处于快速迭代过程中，尚未变成确定产品，故此快速、灵活的 3D 打印就是非常合适的选择。图 15-1 所示就是一台典型的 3D 打印机。

用 3D 打印机制作样机已经有很多成功案例。2014 年 8 月，美国弗吉尼亚大学的一个研究团队用 3D 打印技术制成了 0.8 kg、名为"剃刀"的无人机的 9 个机体部件。该团队利用"溶化叠加建模"技术，使用溶化过

图 15-1　3D 打印机

的材料通过层层喷涂最终制成了"剃刀"的机身。剃刀的整个制造过程耗时 31 小时，所用材料成本为 800 美元，而在计入所用电子设备（如平板电脑式地面站）后，总价格仅为 2500 美元。

像乐高玩具一样，该团队最后完成的（第三个）原型机就由这打印出来的 9 个机体部件拼接而成。飞机的核心是一个整体部件，装有一个通往内部货舱的可移动舱口。舱口中容纳了所有的电子设备，其中包括一部 Google Nexus 5 智能手机（安装有一款可控制飞机飞行的定制版航电应用程序）和一部 RC 飞机自动驾驶仪（可通过手机信息输入管理控制界面）。剃刀的机翼结构是带有副翼和小翼的一个部件，可支撑一个小型喷气引擎。

这架飞行器的翼展为 1.2 m，重量仅为 0.8 kg，即便搭载全部电子设备，重量也不到 2.7 kg。这种设计足以令其以每小时 64 km 的速度飞行 45 分钟。"剃刀"的可承载重量可达到 0.68 kg，因而能够轻松搭载起一架照相机。由于电池完全充满电量只需 2 个小时，且非常易于更换，因此如果使用者手边拥有 3 或 4 组电池，"剃刀"就可以在空中实现几乎无中断式的持续飞行。飞机既可以在 1.6 km 范围内由使用者遥控飞行，也可以依靠预装的 GPS 航路系统导航飞行。研究小组还使用过 Nexus 智能手机的 4G LTE 实现对剃刀的控制，这意味着使用者可以从距离更远的地方指挥飞机。

15.1.2　打印机身和机翼

在我们的项目中，首先需要打印的是机身和机翼，如图 15-2 所示。

15.1.3　打印爬行脚

在我们的项目中，我们还需要打印的是爬行脚，具体参考图 15-3 所示。

图 15-2　机身和机翼

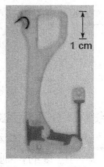

图 15-3　爬行脚

15.1.4　打印其他组件

除此以外，还需要打印相机云台、"摧毁者"机壳、摧毁头等组件。

15.2　设计 PCB

芯片就绪后，我们需要设计电路板，把芯片和其他器件整合在一起。

15.2.1　总体设计

"观察者"系统和"摧毁者"的 PCB 总体方案如图 15-4 所示。

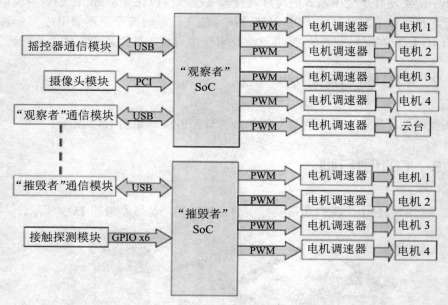

图 15-4　"观察者"系统和"摧毁者"的 PCB 总体方案

该控制系统总体分为两大部分，即"观察者"与"摧毁者"。

"观察者"主要负责机体运动信息的获取、综合，通过多种传感器实现对机体姿态、运动速度、运动位置的控制。同时将摄像机对准目标，进行实时观察，并释放"摧毁者"来对目标进行摧毁,摧毁后负责回收"摧毁者"。

"摧毁者"主要负责感知到接触到目标后,牢牢吸附到目标身上,然后爬行到目标的"命门"之处,然后启动摧毁流程。

遥控器部分主要负责控制指令的发送与机上信息的回传、摄像机实时视频信息的显示、分析与保存。

15.2.2 最小系统设计

在进行完整系统之前,我们一般通过最小系统来启动设计。图 15-5 所示就是一个典型的最小系统。

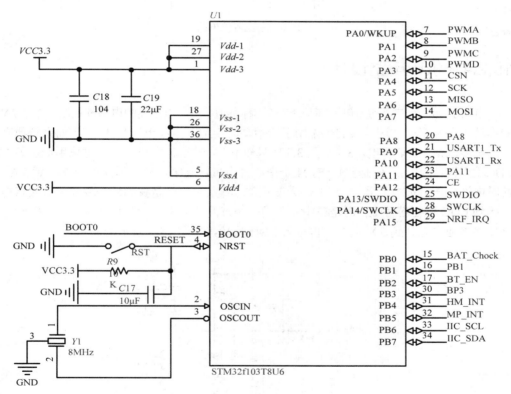

图 15-5 最小系统

最小系统,就是保障我们设计的芯片能够跑起来的最小系统,即把关键引脚合理地接好,可以实现正常的运行。

15.2.3 启动和复位电路设计

很多芯片都是低电平复位，于是采用如图 15-6 所示的主流复位电路作为芯片主控的复位。

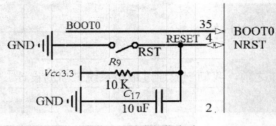

图 15-6　主流复位电路

15.2.4 供电电路设计

市面上所有的航模动力电池都是 3.7 V 的标称值，比此电压高的电池都是由几个 3.7 V 的电池串联起来的。这里我们也采用了一节动力电池，电池电压是 3.7 V，而系统所有芯片都要求是 3.3 V 供电。3.7 V 到 3.3 V 只有 0.4 V 的压差，我们考虑过采用低压差的 LDO 稳压芯片输出，但是要知道，4 个空心杯电机转起来以后，瞬间电流能达到 3 A，此时电池电压会被拉低到一个 LDO 无法正常工作的值，于是我们后来放弃了直接将电池接到 LDO 稳压芯片上，而是在中间采用一个过渡的电路：一个 DC-DC 的升压电路，首先将电池电源升到 5 V 左右，再接入 LDO 芯片，如图 15-7 所示。

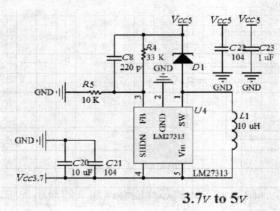

图 15-7　供电电路设计图

15.2.5 充电电路设计

锂电池充电这一块，采用的是 LTC4054。外部电路简单，一个电阻 R7 作为充电限流电阻，充电电流最大可达 600 mA。充电电流的计算公式为

$$IBAT =(VPROG/RPROG)×1000$$

R6 作为充电指示灯的限流电阻，选择几百欧姆即可。在充电进行中，引脚 STR 常低；充电结束时，STR 拉高。对应的状态就是：充电时，CHG 灯常亮；充电完成，CHG 灯灭，如图 15-8 所示。

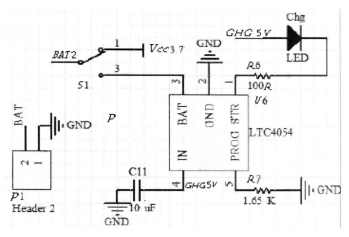

图 15-8 充电电路设计图

15.2.6 姿态控制电路设计

由于芯片内置陀螺仪加速度计，姿态控制电路已经全部由芯片实现了，不再需要额外的姿态控制电路。

15.2.7 电机驱动电路设计

在晶体管家族里面还有一种与三极管互补的，所有特性都集中在开状态的晶体管，叫场效应管，即 MOSFET。通常的场效应管完全导通时，源漏极电阻都是 mΩ 级别的，即它自身的耗散非常小。用它做驱动管再合适不过了。本设计最终选择了一个 SOT23

封装的，导通电压 $Vgs<4$ V 的场管（SI2302），结果表现出了很好的驱动性能。

　　每个场效应管接一个大电阻下拉，目的是为了防止在单片机没接手电机的控制权时，电机由于 PWM 信号不稳定而开始猛转。接一个下拉电阻，保证了场管输入信号要么是高，要么是低，没有不确定的第三种状态。因此电机只有两种状态，要么转，要么不转。主控输出的是 PWM 波形，用于控制场效应管的关闭和导通，从而控制电机的转动速度。这就是本设计中电机驱动的原理，具体如图 15-9 所示。

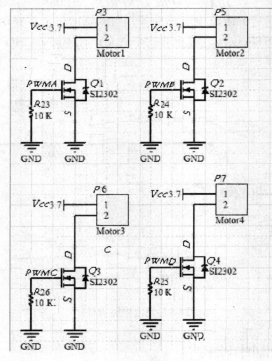

图 15-9　电机驱动的原理

15.3　连接与组装

　　当 PCB 设计好并生产制作出来后，就可以进行各种连接和组装。

15.3.1　安装发动机

　　电机驱动控制就是控制电机的转动或者停止，以及转动的速度。电机驱动控制部分也叫电子调速器，简称电调（electronic speed controller，ESC）。电调对应使用的电机不同，分无刷电调和有刷电调。无刷电调的原理如图 15-10 所示。

有刷电机工作可以不需要电调，直接给电机供电就能够工作，但是这样无法控制电机的转速。无刷电机工作必须要有电调，否则是不能转动的。必须通过无刷电调将直流电转化为三相交流电，输给无刷电机。

四轴飞行器有 4 个桨，两两相对呈十字交叉结构。在桨的转向上分正转和反转，这样可抵消单个桨叶旋转引起的自旋问题。这里我们使用 PWM 的占空比来控制电机的转速。图 15-11 所示就是电机的外观。

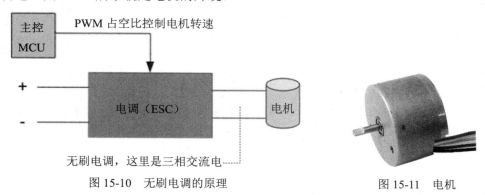

图 15-10　无刷电调的原理

图 15-11　电机

15.3.2　安装螺旋桨

螺旋桨的型号由 4 位数字表示，如 8045、1038 等，分别代表桨叶两个重要的参数——桨直径和桨螺距。桨直径是指桨转动所形成的圆的直径，对于双叶桨（两片桨叶，这是最常用的桨，见图 15-12）恰好是两片桨叶长度之和，由前两位数字表示，如上面的 80 和 10，单位为英寸（in，1 in=2.54 cm）。桨螺距则代表桨旋转一周前进的距离，由后两位数字表示，如上面的 45 和 38。桨直径和螺距越大，桨能提供的拉（推）力就越大。

图 15-12　螺旋桨

以 Phantom 的桨叶为例。Phantom 1 使用的是 8045 的桨叶，表示桨直径为 8 in（20.32 cm），桨螺距为 4.5 in（11.43 cm）；而 Phantom 2 使用的是 9443 的桨叶，表示桨直径为 9.4 in（23.8 cm），桨螺距为 4.3 in（10.9 cm）。从桨叶的规格可以看出，

Phantom 的第二代能够提供更大的动力。

从桨叶使用的材质来看，现在市面上的桨叶可分为碳纤桨、木桨、注塑桨。其中注塑桨最重要。注塑桨是指使用塑料等复合材料制成的桨叶。在航模爱好者中，以美国 APC 公司生产的桨叶最为有名，质量最好。

不同的桨叶和电机（KV 值不一样）能够形成不同的动力组合，适合不同的航模飞机和应用场景。

无刷电机绕线匝数多的，KV 值低，最高输出电流小，但扭力大。达到同样的推力，要比高 KV 值省电，所以四轴飞行器多使用小 KV 的电机。无刷电机绕线匝数少的，KV 值高，最高输出电流大，但扭力小。同样的设备重量（电机、电调、电池），得到的最大推力要高过低 KV 值的电机。

简单地说，相同的电机和电池，大 KV 值用小的螺旋桨，小 KV 值用大的螺旋桨。相对来说，螺旋桨配得过小，不能发挥最大推力；配得过大，电机会过热，会使电机退磁，造成电机性能的永久下降。

原则上，更小的 KV 值和更大的桨叶，能够表现出更好的动力效率。也就是说，相同的电池，能够飞行的时间更长。例如 X5C 这样的玩具飞机，电机和桨叶由减速齿轮连接。减速齿轮降低了电机的 KV 值，有更好的动力效率。

15.3.3　安装摄像头和云台

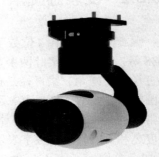

图 15-13　摄像头和云台

一般而言，云台至少要有 3 个电机马达来控制 X、Y、Z 这 3 个方向上的运动。其次，还要有一个固定相机的装置，装置里面要有运动传感器，来感测相机的位置变化，如图 15-13 所示。

云台的控制是通过飞行控制系统软件实现的。飞行控制系统软件首先是负责无刷电机的驱动，需要用 FOC（Field Oriented Control，磁场导向控制）算法实现精准顺滑的伺服控制；然后是依据反馈的数据，即时地进行三维的姿态解算和姿态控制，从而实现相机的稳定和各种跟随操作。

15.3.4　安装爬行脚

和云台类似，爬行脚至少要有两个电机马达来控制抬起/放下、前/后这两个方向

上的运动。其次，还要有一个力量（压力）的传感器来感测吸附是否牢固，如图 15-14
所示。

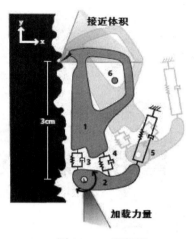

图 15-14　爬行脚

爬行脚的控制是通过爬行控制系统软件实现的。爬行控制系统软件首先是负责无刷电机的驱动；然后是依据反馈的数据，实时地进行二维的压力解算和姿态控制，从而实现爬行脚的稳定和各种吸附操作。

15.3.5　安装摧毁头

和爬行脚类似，摧毁头要有多个电机马达才能控制抬起/放下、电钻开/关这两个维度上的运动。其次，还要有一个力量（压力）的传感器，来感测电钻是否钻透，如图 15-15 所示。摧毁头的控制是通过摧毁控制系统软件实现的。

图 15-15　摧毁头

第 **16** 章

警用机器人的软件集成

本章主要讲述警用机器人的软件集成，主要内容包括操作系统的选型、驱动程序的设计（设计原理、加速度传感器驱动程序设计、陀螺仪驱动程序设计、AI 协处理器驱动程序设计）、观察者及摧毁者驱动程序设计。

16.1 操作系统选型

对于"观察者"，可以选用开源无人机操作系统作为我们的操作系统基础。

16.1.1 Arduino 操作系统

无人机也存在开源操作系统。飞控开源与 Linux、GNU 等开源软件系统不同，后者通过开源社区的维护，通过共同开发、共同应用的开放思想，使软件系统得到了充分的应用和发展，但最初推动消费级无人机进入井喷发展期的却是一套开源硬件系统。

开源飞控的元老是 Arduino+APM+PX4/ PIXHawk。

Arduino 是业内知名的无人机产品。它是一款便捷灵活、方便上手的开源电子原型平台，包含硬件（各种型号的 Arduino 板）和软件开发环境（ArduinoIDE）。由于开发的初衷就是帮助学生搭建简单实用的软硬件开发环境，采用的是开源共享的方式，软件成本为零，硬件成本在批量生产的情况下也被控制得很低，因此 Arduino 平台的入手门槛很低。一般情况下，在网上采购一套基础开发套件，仅需要 100 元左右。

Arduino 系统一般包括一个主控 MCU 和一些相关应用的传感器、执行机构，很容易被应用于小型电气自动化实验等教学项目或者发烧友们的 DIY 电子应用开发。Arduino 的出现，不论从技术上还是成本上，都大大降低了飞控软件算法实现的门槛，除了提供一整套硬件平台用以实现算法外，开源社区还同时将飞控爱好者们聚集在一起，共同推动技术进步。因此在之后的几年内，基于 Arduino 的软硬件系统平台，衍生出了大量的飞控系统应用。

APM（Ardu Pilot Mega）是在 2007 年由 DIY 无人机社区（DIY Drones）推出的飞控产品，是当今最为成熟的开源硬件项目。APM 基于 Arduino 的开源平台，对多处硬件做出了改进，包括加速度计、陀螺仪和磁力计组合惯性测量单元（IMU）。由于 APM 良好的可定制性，APM 在全球航模爱好者范围内迅速传播开来。通过开源软件 Mission Planner，开发者可以配置 APM 的设置，接受并显示传感器的数据，使用 Google Map 完成自动驾驶等功能。

目前，APM 飞控已经成为开源飞控成熟的标杆，可支持多旋翼、固定翼、直升机和无人驾驶车等无人设备。针对多旋翼，APM 飞控支持各种 4、6、8 轴产品，并且连接外置 GPS 传感器以后能够增强稳定性，并完成自主起降、自主航线飞行、回家、定高、定点等丰富的飞行模式。APM 能够连接外置的超声波传感器和光流传感器，在室内实现定高和定点飞行。

Pixhawk PX4 是一个软硬件开源项目（遵守 BSD 协议），目的在于为学术、爱好和工业团体提供一款低成本、高性能的高端自驾仪。由 3D Robotics 联合 APM 小组与 PX4 小组于 2014 年推出的 Pixhawk 飞控是 PX4 飞控的升级版本，拥有 PX4 和 APM 两套固件和相应的地面站软件。该飞控是目前全世界飞控产品中硬件规格最高的产品，也是当前爱好者手中最炙手可热的产品。

16.1.2　OpenPilot 操作系统

OpenPilot 也是一个开源的用于飞机模型的无人驾驶飞行器项目，最初由 David Ankers、Angus Peart 和 Vassilis Varveropoulos 于 2009 年创立，旨在支持多旋翼以及固定翼的飞机，提供强大稳定的无人驾驶平台。OpenPilot 通过社区的力量发展起来，开发者可以通过此平台学习小型的无人机技术。OpenPilot 软件是基于 GPLv3 许可协议的。

OpenPilot 当前有两个硬件平台：Copter Control 和 Revolution。OpenPilot Revolution 具有完整的板上惯性系统单元，而 Copter Control 板带有 3 轴陀螺仪和加速度计。Copter Control 可以扩展不同传感器和通信系统。Copter Control 是第一代板子，后因陀螺仪问题修改为 CC3D 板子，Atom 是最新的版本，功能完全兼容 CC3D，但尺寸变小了。

我们选用 OpenPilot 作为操作系统的原型基础，然后进行相关的移植和整合。

16.2 驱动程序设计

16.2.1 驱动程序设计原理

驱动程序一般都是处于操作系统之下、芯片之上的程序。它需要实现操作系统要求驱动程序的相关接口，而这些接口函数的实现又是由芯片提供的具体寄存器实现的。图 16-1 所示就是驱动程序在系统中的位置。

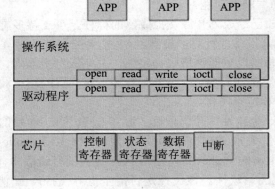

图 16-1　驱动程序在系统中的位置

通常而言，驱动程序需要实现的操作系统接口如表 16-1 所示。

表 16-1　驱动程序需要实现的操作系统接口

操作系统要求驱动程序实现的接口	驱动程序的实现方法	驱动程序调用的芯片寄存器
open	初始化驱动程序的相关变量，设置控制寄存器为初始化状态	所有寄存器的初始化
read	通过读取数据、状态寄存器获取读到的数据。使用中端可以实现异步读取数据	数据、状态寄存器、中断
write	通过设置数据、状态寄存器发送数据。使用中端可以实现异步发送数据	数据、状态寄存器、中断
ioctl	通过读取控制寄存器实现配置的获取或修改	控制寄存器
close	通过设置控制寄存器关闭设备关闭驱动程序	控制寄存器

很多驱动程序比较复杂，因为它不仅要驱动硬件，还要实现比较复杂的通信协议。例如，USB 驱动需要实现 USB 协议；硬盘驱动需要实现文件系统协议；网卡驱动需要实现一部分网络协议。

16.2.2 加速度传感器驱动程序设计

加速度传感器的驱动程序开发就是非常典型的读写寄存器操作。以下是一个小型加速度传感器驱动程序的代码。

```
#include "adxl345.h"
#include "delay.h"
#include "math.h"

//初始化 ADXL345
//返回值：0，初始化成功；1，初始化失败
u8 Adxl345Init(void)
{
    IIcInit();                                  //初始化 IIC 总线
    If(Adxl345ReadReg(DEVICE_ID)==0XE5)         //读取器件 ID
    {
        Adxl345WRReg(DATA_FORMAT,0X2B);         //低电平中断输出，13 位全分辨
率，输出数据右对齐，16 g 量程
        Adxl345WRReg(BW_RATE,0x0A);             //数据输出速度为 100 Hz
        Adxl345WRReg(POWER_CTL,0x28);           //链接使能，测量模式
        Adxl345WRReg(INT_ENABLE,0x00);          //不使用中断
        Adxl345WRReg(OFSX,0x00);
        Adxl345WRReg(OFSY,0x00);
        Adxl345WRReg(OFSZ,0x00);
        return 0;
    }
    return 1;
}

//写 ADXL345 寄存器
//addr：寄存器地址
//val：要写入的值
//返回值:无
void Adxl345WRReg(u8 addr,u8 val)
{
    IIcStart();
    IIcSendByte(ADXL_WRITE);                    //发送写器件指令
```

```
    IIcWaitAck();
    IIcSendByte(addr);                      //发送寄存器地址
    IIcWaitAck();
    IIcSendByte(val);                       //发送值
    IIcWaitAck();
    IIcStop();                              //产生一个停止条件
}

//读ADXL345寄存器
//addr：寄存器地址
//返回值：读到的值
u8 Adxl345ReadReg(u8 addr)
{
    u8 temp=0;
    IIcStart();
    IIcSendByte(ADXL_WRITE);                //发送写器件指令
    temp=IIcWaitAck();
    IIcSendByte(addr);                      //发送寄存器地址
    temp=IIcWaitAck();
    IIcStart();                             //重新启动
    IIcSendByte(ADXL_READ);                 //发送读器件指令
    temp=IIcWaitAck();
    temp=IIcReadByte(0);                    //读取一个字节,不继续再读,发送NAK

    IIcStop();                              //产生一个停止条件
    return temp;                            //返回读到的值
}

//读取ADXL的平均值
//x,y,z：读取10次后取平均值
void Adxl345ReadAvval(short *x,short *y,short *z)
{
    short tx=0,ty=0,tz=0;
    u8 i;
    for(i=0;i<10;i++)
    {
        Adxl345ReadXyz(x,y,z);
        DelayMs(10);
        tx+=(short)*x;
        ty+=(short)*y;
        tz+=(short)*z;
    }
    *x=tx/10;
```

```
        *y=ty/10;
        *z=tz/10;
    }

    //自动校准
    //xval,yval,zval：x，y，z 轴的校准值
    void Adxl345AutoAdjust(char *xval,char *yval,char *zval)
    {
        short tx,ty,tz;
        u8 i;
        short offx=0,offy=0,offz=0;
        Adxl345WRReg(POWER_CTL,0x00);    //先进入休眠模式
        DelayMs(100);
        Adxl345WRReg(DATA_FORMAT,0X2B);  //低电平中断输出，13 位全分辨率，输出数
    据右对齐，16 g 量程
        Adxl345WRReg(BW_RATE,0x0A);      //数据输出速度为 100 Hz
        Adxl345WRReg(POWER_CTL,0x28);    //链接使能，测量模式
        Adxl345WRReg(INT_ENABLE,0x00);   //不使用中断

        Adxl345WRReg(OFSX,0x00);
        Adxl345WRReg(OFSY,0x00);
        Adxl345WRReg(OFSZ,0x00);
        DelayMs(12);
        for(i=0;i<10;i++)
        {
            Adxl345ReadAvval(&tx,&ty,&tz);
            offx+=tx;
            offy+=ty;
            offz+=tz;
        }
        offx/=10;
        offy/=10;
        offz/=10;
        *xval=-offx/4;
        *yval=-offy/4;
        *zval=-(offz-256)/4;
        Adxl345WRReg(OFSX,*xval);
        Adxl345WRReg(OFSY,*yval);
        Adxl345WRReg(OFSZ,*zval);
    }

    //读取 3 个轴的数据
    //x,y,z：读取到的数据
    void Adxl345ReadXyz(short *x,short *y,short *z)
```

```
{
    u8 buf[6];
    u8 i;
    IIcStart();
    IIcSendByte(ADXL_WRITE);        //发送写器件指令
    IIcWaitAck();
    IIcSendByte(0x32);                  //发送寄存器地址(数据缓存的起始地址为0X32)
    IIcWaitAck();

    IIcStart();                      //重新启动
    IIcSendByte(ADXL_READ);          //发送读器件指令
    IIcWaitAck();
    for(i=0;i<6;i++)
    {
        if(i==5)buf[i]=IIcReadByte(0);//读取一个字节，不继续再读，发送NACK
        else buf[i]=IIcReadByte(1);              //读取一个字节，继续读，发送ACK
    }
    IIcStop();                               //产生一个停止条件
    *x=(short)(((u16)buf[1]<<8)+buf[0]);
    *y=(short)(((u16)buf[3]<<8)+buf[2]);
    *z=(short)(((u16)buf[5]<<8)+buf[4]);
}

//读取ADXL345的数据times次，再取平均
//x,y,z：读到的数据
//times：读取多少次
void Adxl345ReadAverage(short *x,short *y,short *z,u8 times)
{
    u8 i;
    short tx,ty,tz;
    *x=0;
    *y=0;
    *z=0;
    if(times)                                //读取次数不为0
    {
        for(i=0;i<times;i++)                 //连续读取times次
        {
            Adxl345ReadXyz(&tx,&ty,&tz);
            *x+=tx;
            *y+=ty;
            *z+=tz;
            DelayMs(5);
        }
        *x/=times;
```

```
    *y/=times;
    *z/=times;
    }
    printf("x = %d,y = %d,z = %d \r\n",*x,*y,*z);
}

//得到角度
//x,y,z: x,y,z 方向的重力加速度分量（不需要单位，直接数值即可）
//dir: 要获得的角度。0，与 Z 轴的角度；1，与 X 轴的角度;2，与 Y 轴的角度
//返回值：角度值，单位 0.1°
short Adxl345GetAngle(float x,float y,float z,u8 dir)
{
    float temp;
    float res=0;
    switch(dir)
    {
    case 0:                         //与自然 Z 轴的角度
        temp=sqrt((x*x+y*y))/z;
        res=atan(temp);
        break;
    case 1:                         //与自然 X 轴的角度
        temp=x/sqrt((y*y+z*z));
        res=atan(temp);
        break;
    case 2:                         //与自然 Y 轴的角度
        temp=y/sqrt((x*x+z*z));
        res=atan(temp);
        break;
    }
    return (short)(res*1800/3.14);
}
```

其中，Adxl345Init()是 open 函数，Adxl345ReadXxx()是 read 函数，Adxl345WRReg()是 write 函数。

需要注意的是，此处例子是通过 IIC 总线来读写寄存器的。如果寄存器直接映射为芯片的地址空间，则直接读写寄存器地址即可。如果寄存器没有直接映射为芯片的地址空间，则需要通过某个总线进行转换后来读写寄存器。

16.2.3 陀螺仪驱动程序设计

前面的加速度传感器例子说明了驱动程序怎样通过读写寄存器来实现操作系统所要求的函数。本节的陀螺仪传感器接着说明了如何对读取到的数据进行二次数据处

理，例如进行校准。

一款飞控上的传感器是需要进行校准的，如陀螺仪。目前大多数的陀螺校准其实就是去掉零点偏移量，采集一定的数据，求平均，这个平均值就是零点偏移，后续飞控所读的数据减去零偏即可。陀螺仪驱动程序设计的核心就是识别噪声、去除噪声，去除噪声的具体做法如下。

1. 识别零点偏移

零点偏移对陀螺和飞控的影响是巨大的。举个例子，假如 x 轴有 0.2° /s 的零偏，那通过这个 x 轴计算出来的角度，也不会是从 0° 开始，造成姿态角有偏差，所以飞行过程中会很难控制水平。

通常，陀螺的校准比较简单，一般上电后，自己执行即可，然后保存这个零偏，另每次上电得到的零偏都不同，所以需要每次都校准一次。通常有陀螺上电自动校准的话，是需要通电后保持静止的，否则校准得到的是一个错误值，所以最好能识别飞行器是否在静止状态，然后再进行校准。方法也很简单，就是判定两次采集的数据差的和是否超过一定阈值，超过阈值，说明是在运动中，这里就不启用校准，LED 红灯提示，飞控代码在此不断循环待机，直至静止状态。

2. 误差分析

作为飞控系统上的核心传感器，陀螺仪的重要程度不言而喻。飞控的姿态数据在很大程度上需要依赖陀螺仪的数据质量，但是低成本的 MEMS 传感器，例如飞控上常用的 MPU-6050/MPU-6000 等，在使用过程中，误差一直伴随着测量值，所以这里就简单谈谈误差，以及处理误差的方法。

MEMS 惯性器件的误差一般分成两类：系统性误差和随机误差。系统性误差的本质就是能找到规律的误差，所以可以实时补偿，主要包括常值偏移、比例因子、轴安装误差等。随机误差一般指噪声，因为无法找到合适的关系函数去描述噪声，所以很难处理。一般采用时间序列分析法对零点偏移的数据进行误差建模分析，可以用卡尔曼滤波算法减小随机噪声的影响。从物理意义和误差来源分，MEMS 陀螺仪漂移可分为常值漂移、角度随机游走、速率随机游走、量化噪声和速率斜坡等。

3. 噪声成分辨识和去除

要对陀螺信号进行预处理，首先需要对其噪声成分进行辨识。Allan 方差分析法是目前最常用的陀螺噪声辨识方法之一。Allan 方差分析通过调节 Allan 方差滤波器带宽，对功率谱进行细致分割，从而辨识出多种不同类型的随机过程误差，并定量分离各项误差系数，算法上操作简单、便于计算，在陀螺噪声辨识方面优势明显。

Allan 方差实质上就是通过求取整个信息采集过程中相邻时间段的方差形式来对

信号在整个时间段内的稳定情况进行衡量的过程。Allan 方差的双对数曲线的典型形式以及不同斜率段的曲线即代表噪声成分。所以，这里的 MEMS 陀螺所包含的噪声成分主要有角度随机游走、相关噪声、速率随机游走。其中，代表零偏不稳定性的斜率为零的部分曲线很短，可以认为两个陀螺中零偏不稳定性影响都相对较小，所以前面进行的陀螺校准得到的零偏可以认为是一个常值。

16.2.4　AI 协处理器驱动程序设计

AI 协处理器是通过总线连接到主 CPU 之上的，当 AI 协处理器通过较慢的 AHB 总线连接到主 CPU 时，TPU 指令设计也要遵循主 CPU 的 RISC 风格，运行一条指令，大约需要 1～5 个时钟周期。

AI 协处理为 CPU 提供以下新增 CPU 指令，其中最重要的 5 条指令如表 16-2 所示。

表 16-2　AI 协处理器新增 CPU 指令

AI 协处理器指令	功　　能
Read_Host_Memory	从 CPU 读取数据内存进入统一缓冲区（UB）
Read_Weights	从权重内存读取权重，放入权重 FIFO。为放入乘法单元做准备
Matrix Multiply/Convolve	触发乘法单元从统一缓冲器取出相关数值，然后执行矩阵乘法或卷积，并把结果放入累加器中。该操作涉及： ❑　输入：可变大小的 $B \times 256$ B。 ❑　处理：把输入乘以一个 256×256 固定权重系数。 ❑　输出：产生一个 $B \times 256$ B 的结果并放入累加器。 整个流程需要 B 次流水线循环才能完成
Activate	该操作涉及： ❑　输入：累加器里面的参数。 ❑　处理：触发执行神经网络的非线性操作，如 ReLU、Sigmoid 等。 ❑　输出：统一缓冲区。 另外，有可能会触发双缓冲的相关动作
Write_Host_Memory	把统一缓冲区的数据写到 CPU 主机内存中

其他 CPU 指令大致是主机内存读/写、配置修改、同步、中断、调试、暂停等。

其中，Matrix Multiply 指令长度为 12 B：用 3 个字节表示统一缓冲区地址，2 个字节表示累加器地址，4 个字节表示长度（2 维卷积），其余的是操作码和标志位。

协处理器的驱动程序和普通器件的驱动程序不同。普通驱动程序通过寄存器来实现外部和器件的交互，而 AI 协处理器驱动程序通过这些新增的 CPU 指令来实现外部和 AI 协处理器的交互。

故此，AI 协处理器驱动程序的逻辑有两个部分：怎样生成新增 CPU 指令的调用序列；怎样运行这些新增 CPU 指令的调用序列。这两个部分分别映射成用户空间驱动程序和内核驱动程序。

AI 协处理器的内部处理逻辑如下。

TPU 的涉及理念是保持乘法单元一直处于工作状态，故此我们设计了 4 级流水线。每级流水线执行一条指令。

如图 16-2 所示，乘法单元从左侧取原始数据，从上方取权重。每次取 256 个原始数据和 256 个权重进行计算，然后放入下方的 256 个累加器中。控制单元协调着这些操作在一个时钟周期内完成并行处理，按照流水线，连续做几次，即完成一个完整的 AI 神经网络的计算。

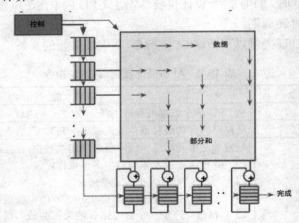

图 16-2　AI 协处理器的内部处理逻辑

把 AI 协处理器的驱动程序分成两个部分：用户空间驱动程序和内核驱动程序，具体如表 16-3 所示。

表 16-3　AI 协处理器的驱动程序

驱 动 程 序	功　　能
用户空间驱动程序	用户空间驱动程序频繁更改。它设置和控制 TPU 执行，将数据重新排序成 TPU 顺序，把 API 翻译成二进制的 TPU 机器指令。一般而言，它包含以下几个步骤。 （1）评估 AI 模型，生成操作指令序列和权重表，并且把权重表下载到 AI 协处理器的权重内存中。 （2）全速进行打分操作。 （3）一次完成一层的打分，直到全部打分结束
内核驱动程序	内核驱动是轻量级的，只能处理内存管理和中断。它是为长期稳定而设计的

用 TensorFlow 框架编写的 AI 程序，可以被编译成在 TPU 上运行的 API。

16.3 "观察者"应用程序设计

16.3.1 整体架构

"观察者"的系统整体软件流程如图 16-3 所示。

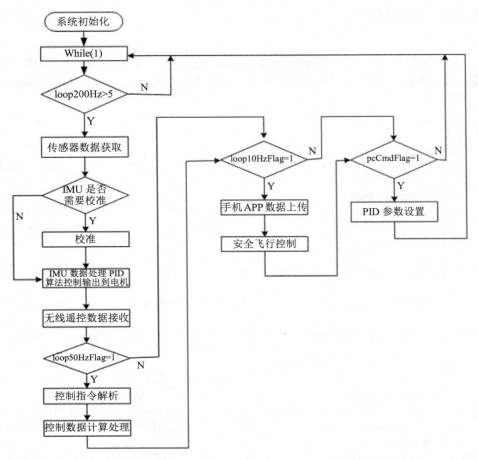

说明：系统采用 TIM4 定时器产生 1 ms 定时基石，定时中断中对判断标志位进行累加，从而定时各个时间段进行传感器数据获取、遥控指令、电机控制等。

图 16-3 "观察者"的系统整体软件流程

为了简化说明，假定没有操作系统，整个系统使用定时器进行驱动。程序核心就是通过定时器，在主循环中不断查询判断各个条件，产生几个大小不一样的时间段，根据需要完成以多大的频率扫描一次遥控器指令、多久更新一次传感器数据、多久更新一次控制等飞控需要实现的功能，尽可能地利用主控的资源。

对于有操作系统的场景，一般以任务或者进程来驱动，用消息同步来协调不同模块之间的具体操作。对于复杂系统，我们都是有操作系统的。只有极其简单的系统，才会使用无操作系统设计。

16.3.2 初始化

芯片启动后，会自动跳到 CPU 的启动地址进行启动，即软件的主入口函数（通常就是 main 函数），该主入口函数的主要任务就是芯片及各个部分的初始化。例如：

```
48   int main(void)
49   {
50
51       SystemClock_HSE(9) :              //系统时钟初始化，时钟源外部晶振
                                              HSEs8×9=72 MHz;
52       cycleCoumcerInit() ;              //Init cycle counter
53       SysTick_Config(SystemCoreClock /1000); //SysTick 开启系统 tick 定
                                              时器并初始化其中断, 1 ms
54
55
56       UART1_init(SysClock,BT_BAUD_Set); //串口 1 初始化
57
58       NVIC_INIT();                      //中断初始化
59
60       STMFLASH_Unlock();                //内部 Flash 解锁
61
62       LoadFaramsFromEEPROM();
63
64       LedInit();                        //IO 初始化
65       //delay_init(SysClock);           //滴答延时初始化，不用此方式
66       BT_PpwerInit();                   //蓝牙电源初始化完成，默认关闭
67       MotorInit();                      //马达初始化
68       BatteryCheckInit();               //电池电压监测初始化
69       IIC_Init();                       //IIC 初始化
70   #ifsef INU_SW                         //使用软件解算
71       MPU6050_initialize();
```

```
72  #eles
73      MPU6050_DMP_Initalize();              //初始化 DMP 引擎
74  #endif
75      //HMC5883lL_SetUp();                  //初始化磁力计 HMC5883lL
76
77      NRF24L01_INIT();                       //NRF24L01 初始化
78      SetRX_Mode();                          //设无线模块为接收模式
79
80      NRFmatching();                         //NRF24L01 对频
```

接下来就是进入主循环 while（1）之中了。主循环也就是整个程序功能实现的关键，程序进入后会在里面循环运行，中断可以打断循环转而运行中断服务程序，运行完之后再回到主循环中。

16.3.3 主循环——100 Hz 循环

主循环体中首先有 if(loop100HzCnt >= 10){}这个结构，其中 loop100HzCnt 这个变量是在芯片中断服务程序中累加的，10 ms 累加一次，也就是说，定时每 10 ms 就去完成一次其中的工作。

那么 100 Hz 需要做的一次工作是什么？读取传感器计数并进行整合。如图 16-4 所示，读取的数据为加速度计和陀螺仪的 AD 值，将数据进行标定、滤波、校正后，通过四元素融合得到三轴欧拉角度。

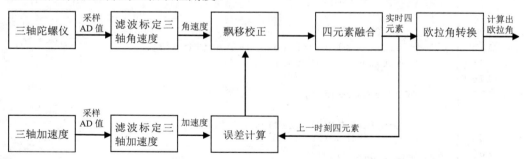

图 16-4　读取传感器计数并进行整合

加速度传感器采集数据容易失真，造成姿态解算出来的欧拉角错误，在只用角度单环的情况下，系统很难稳定运行，因此可以加入角速度作为内环。角速度由陀螺仪采集数据输出。采集值一般不存在受外界影响的情况，抗干扰能力强并且角速度变化灵敏；当受外界干扰时，恢复迅速，增强了系统的鲁棒性。这里采用双闭环 PID 控制，如图 16-5 所示。

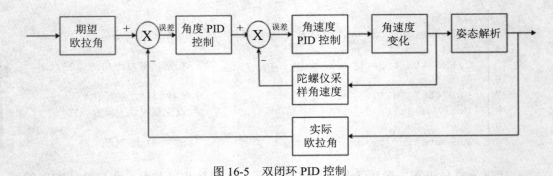

图 16-5 双闭环 PID 控制

角度作为外环，角速度作为内环，进行姿态双环 PID 控制。角度环的输出值作为角速度环的输入，建立自稳系统。

16.3.4 主循环——50 Hz 循环

从 if(loop50HzFlag){}进入 50 Hz（20 ms 执行一次）循环。loop50HzFlag 标志位是在芯片中断中每 20 ms 置位一次的，这里解析了收到的遥控器无线发送过来的指令，结合当前的姿态计算更新这些控制数据给核心控制算法输出控制飞控，这样就可以控制飞控前进或后退、上升或下降等操作，如下所示。

```
170    //50Hz loop
171    if(loop50HzFlag)
172    {
173        loop50HzFlag=0
174        realExecPrd[3]=micros[ ]-atartTime[3];
175        startTime[3]-micros[ ];
176
177        RCDataProcess();
178
179        FlightModeFSMSimple();
180
181    //DetectLand();
182     if [altCtrlMode= = LANDING]
183     {
184         AutoLand();
185     }
186
187        AltitudeCombineThread();
188
```

```
189        CtrlAlti();
190
191        CtrlAttiAng();
192
193        //PC Monitor
194        if(btSrc!-SRO_APP)
195         CommPCUploadHandle();//code improved inside
196
197        execTime[3]=mioros() - atartTime[3];
198    }
```

16.3.5　主循环——10 Hz 循环

同样的思路，if(loop10HzFlag){}以 10 Hz 的频率去执行下面的功能。在这里可以通过 4G 信号向手机 APP 传送一些飞控的姿态信息。例如，查询飞控的电量，如果不够就让飞控降落下来；查询高度，如果超出可控范围也把飞控降下来；查询是否和遥控器失联，如果失联就降下飞控等，如下所示。

```
199    //10Hz loop
200    if(loop 10HzFlag)
201    {
202       loop10HzFlag-0;
203       realExecprd[2]=micros[ ]-startTime[2];
204       startTime[2]=micros[ ];
205
206       //Check battery every BAT_CHK_PRD  ms
207       if [(++batCnt) - 100 > - BAT_CHK_PRD ]
208       {
209        batCnt-0;
210        BatteryCheck()
211       }
212       //App monicor
213       if(flyLogApp)
214       {
215         CommAppUpload();
216         flyLogApp-0;
217        }
218
219       //EEPROM Conifg Table request to write.
220       if [ gParams SaveEEPROMRequset ]
```

```
221        {
222          gParams SaveEEPROMRequset=0;
223          Save Params ToEEPRCM();
224        }
225
226        FailSafeLost RC();
227
228        FailSafeCrash();
229
230        FailSafeLEDAlarrm();
231
232        LEDFSM();        //闪烁
```

最后是 if(pcCmdFlag)，它与上位机调试有关。主循环查询这个标志位，标志位是通过上位机发送过来的指令置位的，它主要是处理 PC 发送过来的指令，以及 PID 参数读取、修改等。

16.4   "摧毁者"应用程序设计

16.4.1   整体架构

"摧毁者"的主要任务就是接收来自"观察者"的指令，做出相应的吸附、爬行和执行操作。如图 16-6 所示，每个操作模块都保存一系列原子操作序列，每一条指令都对应几个原子操作组合。

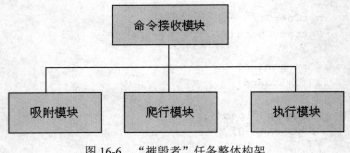

图 16-6   "摧毁者"任务整体构架

具体的命令组合如表 16-4 所示。

表 16-4　命令组合

下发的指令	吸 附 模 块	爬 行 模 块	执 行 模 块
感知到接触时下发的吸附指令	启动吸附 重力对齐		
往指定方向爬行	抬起脚的关闭吸附 落地脚的启用吸附	转向操作 爬行操作	
执行操作	牢固吸附	停止爬行	选择执行头 启用电钻 打开执行头

16.4.2　命令接收模块设计

命令接收模块的主要功能如下。

❑　驱动通信模块，即通信模块的驱动程序。

❑　无线通信协议栈。

❑　TCP/IP 协议栈。

16.4.3　吸附模块设计

吸附模块的主要功能如下。

❑　驱动吸附模块 GPIO，启动或关闭吸附。

❑　吸附模块提供的操作指令如下。

➢　启动吸附：打开特定 GPIO。

➢　关闭吸附：关闭特定 GPIO。

➢　强力吸附：打开所有相关的 GPIO。

16.4.4　爬行模块设计

爬行模块的主要功能如下。

❑　驱动爬行电机的 PWM 控制，即对指定的爬行脚启动、关闭爬行，以及设置爬行速度。

❑　驱动接触传感器，一旦发现稳定接触，自动关闭爬行。

❑　爬行模块提供的操作指令如下。

> ➢ 设置爬行速度：对一组指定的爬行脚设置 PWM 比例值。
>
> ➢ 启动爬行：启动 PWM。
>
> ➢ 停止爬行：关闭 PWM。
>
> ➢ 转向：对一组指定的爬行脚设置不同的 PWM 比例值。

16.4.5　执行模块设计

执行模块的主要功能如下。

- ❑ 第一阶段：电钻抬起并抵达目标位置。具体包括马达控制、接触的感知。
- ❑ 第二阶段：电钻启动并击穿目标外壳。具体包括开启、关闭电源，击穿力度的感知。
- ❑ 第三阶段：喷射执行液。具体包括电源开关的开启和关闭。
- ❑ 第四阶段：自动回收。

第 17 章

警用机器人的 AI 训练

本章主要讲述警用机器人的 AI 训练，依据 AI 训练的流程，依次讲述自动校准图像的收集、利用云资源进行 AI 训练（TensorFlow 的安装和使用），最后讲述如何将 AI 训练结果导入警用机器人的 AI 系统中。

17.1 收集自动校准图像样本

17.1.1 样本收集

过去几年，机器学习的发展使得计算机视觉技术有了快速的进步，系统能够自动描述图片，对共享的图片创造自然语言回应。其中大部分的进展都可归因于 ImageNet、COCO（监督学习）以及 YFCC 100 M（无监督学习数据集）等一类数据集的公开使用。

例如，开放图像数据集 Open Image，这是一个包含约 900 万张图像 URL 的数据集，里面的图片通过标签注释被分为 6000 多类。该数据集非常实用，其中的标签要比 ImageNet（1000 类）包含更真实生活的实体存在，它足够让我们从头开始训练深度神经网络。

使用 Google 云视觉 API 这样的视觉模型自动进行图像层次的注释已经变得很流行。在验证数据集上，增加人类评定等级查证这些自动标签，并移除里面的假正例。平均而言，每个图像大约有 8 个标签。在本设计中，我们需要收集各种目标机器人的图片，包括各种不同类型的目标机器人和其在各种不同场景下和各种不同角度下的图像。

17.1.2　样本标注

图像收集完毕后，必须对图片进行标注，重点识别出来哪些是目标机器人，尤其是对它们的命门位置进行标注。

这种标注用术语标示就是物体画框，具体如图 17-1 所示。

图 17-1　物体画框

根据标注需求，对图像中的目标物体（如图像中的车辆、车牌、行人、道路、建筑、船只、文字、人体部位等）进行画框并打上对应标签，以与 ImageNet 同样的 XML 格式输出数据。

17.2　利用云端资源进行 AI 训练

有了海量目标机器人的图片，也有了它们"命门"位置的说明，接下来就可以进行训练了，让 AI 知道什么是目标机器人，以及它们的"命门"位置。这里我们使用 TensorFlow 对 AI 进行训练。

17.2.1　TensorFlow 简介

TensorFlow 是 Google 发布的一个人工智能深度学习框架，于 2015 年年底开源。开源之前一直在 Google 内部使用，维护性比较好，里面的很多工具也比较新。TensorFlow 是采用 C++和 Python 写成的，给的接口也是 C++和 Python，但是更支持 Python。

TensorFlow 目前只能在 Linux 或者 Mac 下使用，安装比较简单，同时提供了 CPU 版本和 GPU 版本。如果计算机中有 GPU，可以尝试使用 GPU 版本，这个版本略微复杂一些。如果不想运行太过复杂的程序，或计算机的 GPU 性能不是很好，推荐 CPU 版本，安装相对简单。

在安装 TensorFlow 之前先安装 CUDA 和 CUDNN。

17.2.2 安装 CUDA

登录 https://developer.nvidia.com/cuda-downloads 网站，选择和自己系统相对应的且合适的 CUDA 版本。作者的选择依次是 Linux—x86_64—ubuntu—14.04—deb（local）。选择好后开始下载，下载后进入下载目录，并在命令行输入如下命令。

```
sudo dpkg -i cuda-repo-ubuntu1404-7-5-local_7.5-18_amd64.deb
sudo apt-get update
sudo apt-get install cuda
```

17.2.3 安装 CUDNN

登录 https://developer.nvidia.com/rdp/cudnn-download 网站，安装 CUDNN。首先需要注册，之后选择 cuDNN v5.1 Library for Linux 进入下载目录，在命令行中输入如下命令。

```
tar xvzf cudnn-7.5-linux-x64-v5.1-ga.tgz
sudo cp cuda/include/cudnn.h /usr/local/cuda/include
sudo cp cuda/lib64/libcudnn* /usr/local/cuda/lib64
sudo chmod a+r /usr/local/cuda/include/cudnn.h/usr/local/cuda/lib64/
libcudnn*
```

安装好后，在 home 路径下的.profile 中添加如下路径。

```
export CUDA_HOME=/usr/local/cuda
export DYLD_LIBRARY_PATH="$DYLD_LIBRARY_PATH:$CUDA_HOME/lib"
export PATH="$CUDA_HOME/bin:$PATH"
```

安装完成后，可以用编译 cuda-sample 中的案例试一下。

```
$ cp -r /usr/local/cuda/samples ~/cuda-samples
$ pushd ~/cuda-samples
$ make
```

```
$ popd
$ ~/cuda-samples/bin/x86_64/darwin/release/deviceQuery
```

最终会显示 GPU 的配置等一些信息。最后，在安装 TensorFlow 的根目录下，使用./configure 命令来确认配置。

17.2.4 安装 virtualenv 并下载 TensorFlow 文件

推荐在 virtualenv 下安装 TensorFlow，这样 TensorFlow 就对其他 Python 环境没有影响，想删掉时直接删除这个文件夹即可。

首先，安装 virtualenv，命令如下。

```
sudo pip install virtualenv
```

接着安装 virtualenvwrapper，这是一个 virtualenv 的管理工具，可以方便管理多个 virtualenv 环境，并可以将它们放在一个文件夹下，命令如下。

```
Sudo pip install virtualenvwrapper
```

环境配置命令如下。

```
export WORKON_HOME='~/.virtualenvs'
source /usr/local/bin/virtualenvwrapper.sh
```

建立一个 TensorFlow 虚拟环境，命令如下。

```
mkmkvirtualenv TensorFlow
```

可以看见命令行的最开头发生了变化。

之后下载 TensorFlow 的源码：git clone（https://github.com/TensorFlow/TensorFlow）。下载后可能在 Home 目录下，作者一般习惯将其复制到.virtualenv/TensorFlow/bin/Python2.7/dist-package 目录下。

17.2.5 安装 Bazel 编译器

因为 TensorFlow 源码需要进行编译，所以首先要安装 Bazel 编译器。

（1）如果计算机系统是 Ubuntu 14.04 或以下，需要先安装 Oracle JDK 8，命令如下。

```
sudo add-apt-repository ppa:webupd8team/java
```

SoC 设计原理与实战——轻松设计机器人

忽略中间出现的没有找到任何绝对信任密钥的信息，进行如下操作。

```
sudo apt-get update
sudo apt-get install oracle-java8-installer
sudo apt-get update
```

（2）安装必要的包，命令如下。

```
sudo apt-get install pkg-config zip g++ zlib1g-dev unzip
```

（3）下载 Bazel 编译器，地址为 https://github.com/bazelbuild/bazel/releases，版本为 bazel-0.3.1-installer-linux-x86_64.sh，下载后在下载的目录中于命令行输入：

```
chmod +x bazel-version-installer-os.sh
/bazel-version-installer-os.sh –user
```

完成后记得添加路径，按照命令行中的说明在 home 目录下的.bashrc 中添加路径。至此，Bazel 安装完毕。

17.2.6　TensorFlow 编译

下面的编译命令推荐在下载的 TensorFlow 文件的根目录下执行。
（1）安装其他依赖。

```
sudo apt-get install Python-numpy swig Python-dev
```

（2）安装完毕后，对 TensorFlow 源码的 pip 包进行编译和安装。

```
bazel build -c opt //TensorFlow/tools/pip_package:build_pip_package
bazel build -c opt --config=cuda//TensorFlow/tools/pip_package:build_
pip_package
```

之后执行：

```
bazel-bin/TensorFlow/tools/pip_package/build_pip_package/tmp/
TensorFlow_pkg
sudo pip install /tmp/TensorFlow_pkg/TensorFlow-0.10.0-py2-none-
any.whl
```

（3）按照教程，下面是一个为开发而进行的设置，目的是设置路径。

```
bazel build -c opt //TensorFlow/tools/pip_package:build_pip_package
# To build with GPU support:
bazel build -c opt
 --config=cuda //TensorFlow/tools/pip_package:build_pip_package
```

```
mkdir _Python_build
cd _Python_build
```

下面的命令有可能需要 root 权限。

```
ln-s ../bazel-bin/TensorFlow/tools/pip_package/build_pip_package.
runfiles/org_TensorFlow/* .
ln -s ../TensorFlow/tools/pip_package/* .
Python setup.py develop
```

17.2.7 测试

这样，TensorFlow 就安装和设置完毕了。首先使用 MINIST 数据集来进行测试。

```
cd TensorFlow/models/image/mnist
Python convolutional.py
```

命令行会出现如下代码。如果开启了 GPU，还会在这之前有一段 GPU 成功启动的说明。

```
Successfully downloaded train-images-idx3-ubyte.gz 9912422 bytes.
Successfully downloaded train-labels-idx1-ubyte.gz 28881 bytes.
Successfully downloaded t10k-images-idx3-ubyte.gz 1648877 bytes.
Successfully downloaded t10k-labels-idx1-ubyte.gz 4542 bytes.
Extracting data/train-images-idx3-ubyte.gz
Extracting data/train-labels-idx1-ubyte.gz
Extracting data/t10k-images-idx3-ubyte.gz
Extracting data/t10k-labels-idx1-ubyte.gz
Initialized!
Epoch 0.00
Minibatch loss: 12.054, learning rate: 0.010000
Minibatch error: 90.6%
Validation error: 84.6%
Epoch 0.12
Minibatch loss: 3.285, learning rate: 0.010000
Minibatch error: 6.2%
Validation error: 7.0%
…
```

17.2.8 利用 TensorFlow 训练图像分类的模型

使用 TensorFlow 训练模型，可以通过一个简单拆开模型来掌握具体训练的方法。

TensorFlow 提供了一个训练学习工具，它虽然没有公开深度学习网络的模型源码，却给出了保存好的模型和训练代码。这样我们就可以直接拿来训练了。这个模型是 Google 的 Inceptionv3（http://arxiv.org/abs/1512.00567）。它在 2012 年的 ImageNet 上进行了训练，并取得了 3.4%的 Top-5 准确率（人类的只有 5%）。

这么一个复杂的网络，若是直接自己训练，起码需要几天甚至十几天的时间。所以这里采用迁移学习的方法，即前面的层的参数都不变，只训练最后一层的方法。最后一层是一个 softmax 分类器，这个分类器在原来的网络上有 1000 个输出节点（ImageNet 有 1000 个类），所以需要删除网络的最后一层，并将其变为所需要的输出节点数量，然后再进行训练。

TensorFlow 中采用的方法是这样的：将自己训练集中的每张图像输入网络，瓶颈层（Bottleneck），就是倒数第二层，会生成一个 2048 维度的特征向量，将这个特征保存在一个 txt 文件中，再用这个特征来训练 softmax 分类器。

下面介绍具体的操作方法。

1．编译和预处理

在 TensorFlow 根目录下的命令行中输入编译 retrain 的命令。

```
bazel buildTensorFlow/examples/image_retraining:retrain
```

如果您的计算机比较新，建议用下面这个命令来编译。

```
bazel build -c opt --copt=-mavx TensorFlow/examples/image_retraining:
retrain
```

编译完成后，就可以使用了，但还是建议改动一下 TensorFlow/examples/image_retraining 目录下的 retrain 的 Python 脚本，因为里面的默认路径是/tmp，这个文件夹在计算机关机时所有数据都会被清除。因此，建议把这类路径都改为另外的路径，之后在该路径下将自己的训练数据集放好。

训练数据集是有格式要求的，具体如下。

❑ 数据集应该这样设置：训练集文件夹下放置多个子文件夹，每个子文件夹就是一个类，里面包含该类的所有图像。

❑ 图像应该是 jpg 或者 jpeg 格式。

2．训练

在设置好数据集后，运行数据集。

```
bazel-bin/TensorFlow/examples/image_retraining/retrain--image_dir ~/XXX
```

其中，image_dir ~/XXX 是训练数据集的路径，XXX 是数据集的名称。

这时就开始训练了。训练过程中会首先下载原来的 Inception 网络，保存在 ImageNet 的文件夹下。

第一个文件是网络的图结构；第二个文件是一个测试图像；第三个是一个映射，每一个映射到一个编码；第四个也是一个映射，是从编码映射到人能够识别的名词。例如，节点的表示是第 234 个节点，而这个节点映射到的编码是 nb20003，这个编码映射到的名词是熊猫（仅举例，数字和编码以及名词是随意假设的）。这些映射关系和编码是在 ImageNet 2012 测试集中定义的。下载后开始提取每张训练图像的 bottleneck 特征。这个过程大概 1s 提取 5 张图像。提取完成后就开始训练，训练过程比较快。

3. 得到训练结果

最后的测试结果是 93.2%。这个成绩好吗？其实并不好，说明这个模型 15 个类的 Top-5 的准确率比 ImageNet 的 1000 个类的 Top-5 的准确率还低。但鉴于没有那么多的训练数据集和那么多的时间来从头训练整个网络，这个结果已经算是不错了。

这时如果打开 image_dir 路径，会发现其下面多出来两个文件，分别是 output.pb 和 output.txt。第一个文件是训练后的图结构，第二个文件是从节点到名词的映射，这里不会给出中间的编码映射——除非用户自己定义一个映射关系。

4. 验证预测结果

将训练出的 output_graph 文件放到该文件夹下，替换掉原有的图文件（可以把 output_graph 文件重命名为原来的图文件名，这样就不需要改动代码了）。再运行 classfy.py 文件就可以用自己的模型来对图像进行分类了。给出的结果是 Top-5 对应的节点数以及相应的概率。如果需要输出名词，则要自己定义映射关系。

17.3　把 AI 训练结果导入"观察者"芯片上

AI 的训练结果为权重矩阵。从数据结构上讲，就是一个极大的数组。我们需要做的事情就是把这个极大的数组加载到芯片对应的数组位置上。由于 RAM 不具有保存特性，据此数据只能加载到具有保存性质的 Flash 中。

通常保存到 Flash 中有两种方式：一种是压缩方式，然后解压缩到 RAM 的相应位置上；另外一种是不压缩，芯片通过直接访问 Flash 来读取数据，缺点就是相对于 RAM 稍微慢一些。芯片设计的惯例是两种方式都支持，让用户自行去选择和配置。

第18章

警用机器人的全系统测试

在完成了硬件和软件的集成之后，需要对警用机器人进行整系统的测试。本章主要介绍警用机器人的全系统测试方案以及各个测试项的测试目的、测试方法和测试结论。全系统测试的测试项主要包括飞行能力测试、爬行能力测试、吸附能力测试、实施能力测试、观测能力测试、各部件耗电测试和稳定性测试。

18.1 飞行能力测试

18.1.1 测试目的

本测试的目的是验证在各种真实场景中，主要是在不同的飞行环境中，警用机器人在各种操作方式下的飞行能力和处理能力。这里主要侧重非正常场景下的暴力测试，以确保警用机器人在真实使用场景下具有广泛的适应能力。

具体包括撞树测试、挂水测试、砸机测试和剪桨测试。通过这些眼花缭乱的暴力测试，验证警用机器人的飞控特性（即电子飞行员可以迅速地稳住飞机）和抗损坏能力。

18.1.2 测试方法

撞树测试，如图 18-1 所示。

在机臂上挂水测试，如图 18-2 所示。

图 18-1　撞树测试

图 18-2　在机臂上挂水测试

再挂一瓶，如图 18-3 所示。

用箱子去砸飞机，如图 18-4 所示。

图 18-3　再挂一瓶

图 18-4　用箱子去砸飞机

用箱子把无人机砸出一个 360°空翻，如图 18-5 所示。

把螺旋桨剪去一截，如图 18-6 所示。

图 18-5　用箱子把无人机砸出一个 360°空翻

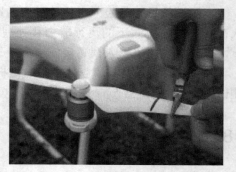

图 18-6　把螺旋桨剪去一截

18.1.3　测试结论

测试完毕，填写测试结论表，如表 18-1 所示。

表 18-1　测试结论表

阶　　段	测试场景	测 试 方 法	测试结果	测 试 结 论
1	撞树	操作"观察者"去撞树	无损坏	□通过　□不通过
2	挂水	在"观察者"上挂多瓶水	可以正常飞行	□通过　□不通过
3	砸机	用箱子砸向"观察者"	可以正常飞行	□通过　□不通过
4	剪桨	把机翼剪掉一截	可以正常飞行	□通过　□不通过

如果某些测试用例无法通过，则需要修改设计，进行改良，确保所有测试用例都
顺利通过。

18.2　爬行能力测试

18.2.1　测试目的

本测试的目的是验证在各种真实场景中、针对目标机器人不同的外壳外形，警用
机器人在各种操作方式下的爬行能力和处理能力。这里主要侧重非正常场景下的暴力
测试，以确保警用机器人在真实使用场景下具有广泛的适应能力。

具体包括光滑表面、非规则表面、存在拦阻杆场景、在沟陷场景的测试。通过这
些恶意对抗的异常测试，验证警用机器人在各种非正常场景下的爬行能力和抗损坏
能力。

18.2.2　测试方法

在光滑表面上的测试，如图 18-7 所示。
在非规则表面上的测试，如图 18-8 所示。

图 18-7　光滑表面　　　　　　　　　　　　图 18-8　非规则表面

存在拦阻杆场景下的测试，如图 18-9 所示。

存在沟陷场景的测试，如图 18-10 所示。

图 18-9　存在拦阻杆的场景　　　　　　　　图 18-10　存在沟陷的场景

18.2.3　测试结论

测试完毕，填写测试结论表，如表 18-2 所示。

表 18-2　测试结论表

阶　　段	测 试 场 景	测 试 方 法	测 试 结 果	测 试 结 论
1	光滑表面	是否可以在光滑表面顺利爬行	爬行速度	□通过 □不通过
2	非规则表面	是否可以在非规则表面顺利爬行	爬行速度	□通过 □不通过
3	存在拦阻杆场景	是否可以在存在拦阻杆场景的表面顺利爬行	爬行速度	□通过 □不通过
4	存在沟陷场景	是否可以在存在沟陷场景的表面顺利爬行	爬行速度	□通过 □不通过

如果某些测试用例无法通过，则需要修改设计，进行改良，确保所有测试用例都顺利通过。

18.3　吸附能力测试

18.3.1　测试目的

本测试的目的是验证在各种真实场景下，针对目标机器人不同的外壳材质，警用机器人在各种操作方式下的吸附能力和处理能力。这里主要侧重非正常场景下的适应性测试，以确保警用机器人在真实使用场景下具有广泛的适应能力。

具体包括光滑金属材质、塑料硅胶材质和丝绸布料材质的测试。通过这些不同材质的针对性测试，验证警用机器人的吸附能力和牢固性。

18.3.2　测试方法

光滑金属材质下的测试如图 18-11 所示。
塑料硅胶材质下的测试如图 18-12 所示。

图 18-11　光滑金属

图 18-12　塑料硅胶

丝绸布料材质下的测试如图 18-13 所示。

图 18-13　丝绸布料

18.3.3　测试结论

测试完毕，填写测试结论表，如表 18-3 所示。

表 18-3　测试结论表

阶　　段	测试场景	测试方法	测试结果	测试结论
1	光滑金属	悬挂重物的情况下在光滑金属上是否能吸附住	可以悬挂重物的重量超过 30 kg	□通过　□不通过
2	塑料硅胶	悬挂重物的情况下在塑料硅胶上是否能吸附住	可以悬挂重物的重量超过 30 kg	□通过　□不通过
3	丝绸布料	悬挂重物的情况下在丝绸布料上是否能吸附住	可以悬挂重物的重量超过 30 kg	□通过　□不通过
4	不同材质的过渡	悬挂重物的情况下在不同材质的过渡处是否能吸附住	可以悬挂重物的重量超过 30 kg	□通过　□不通过

如果某些测试用例无法通过，则需要修改设计，进行改良，确保所有测试用例都顺利通过。

18.4　实施能力测试

18.4.1　测试目的

本测试的目的是验证在各种真实场景中，在不同的目标机器人的构造下，警用机器人必须具有的对抗操作方式。这里主要侧重非正常场景下的对抗测试，以确保警用机器人在真实使用场景下具有广泛的适应能力。

具体包括穿刺金属测试、穿刺硅胶测试和化学物质喷射测试。通过这些针对性的对抗测试，验证警用机器人执行的有效性。

18.4.2　测试方法

穿刺金属测试如图 18-14 所示。

穿刺硅胶测试如图 18-15 所示。

图 18-14　穿刺金属

图 18-15　穿刺硅胶

化学物质喷射测试如图 18-16 所示。

图 18-16　化学物质喷射

18.4.3　测试结论

测试完毕，填写测试结论表，如表 18-4 所示。

表 18-4　测试结论表

阶　　段	测 试 场 景	测 试 方 法	测 试 结 果	测 试 结 论
1	穿刺金属	是否可以刺穿 5 mm 厚的金属	可以刺穿	□通过　□不通过
2	穿刺硅胶	是否可以刺穿 8 mm 厚的金属	可以刺穿	□通过　□不通过
3	化学物质喷射	是否可以喷射化学物质 10 cm 远	可以喷射足够距离	□通过　□不通过
4	组合验证	是否可以顺利连续进行以上 3 种操作	可以连续操作	□通过　□不通过

如果某些测试用例无法通过，则需要修改设计，进行改良，确保所有测试用例都顺利通过。

18.5　观测能力测试

18.5.1　测试目的

本测试的目的是验证在各种真实场景下，针对不同的目标机器人类型，警用机器人快速识别目标机器人的类型和"命门"位置的能力。这里主要侧重非正常场景下的极限测试，以确保警用机器人在真实使用场景下具有广泛的适应能力。

具体包括黑夜测试、强光测试、混乱背景测试和快速移动场景测试。通过这些眼花缭乱的强干扰测试，验证警用机器人的观察能力和抗干扰能力。

18.5.2　测试方法

黑夜测试如图 18-17 所示。
强光测试如图 18-18 所示。

图 18-17　黑夜

图 18-18　强光

混乱背景测试如图 18-19 所示。

快速移动场景测试如图 18-20 所示。

图 18-19　混乱背景

图 18-20　快速移动场景

18.5.3　测试结论

测试完毕，填写测试结论表，如表 18-5 所示。

表 18-5　测试结论表

阶　段	测 试 场 景	测 试 方 法	测 试 结 果	测 试 结 论
1	黑夜	可以识别黑夜中的目标机器人	识别正确	□通过 □不通过
2	强光	可以识别强光中的目标机器人	识别正确	□通过 □不通过
3	混乱背景	可以识别混乱背景中的目标机器人	识别正确	□通过 □不通过
4	快速移动场景	可以识别快速移动中的目标机器人	识别正确	□通过 □不通过

如果某些测试用例无法通过，则需要修改设计，进行改良，确保所有测试用例都顺利通过。

18.6　各部件耗电测试

18.6.1　测试目的

本测试的目的是验证各种真实场景中，警用机器人各个部件的耗电计量。

18.6.2　测试方法

这不是独立测试，而是之前各个测试并行进行的耗电统计。

18.6.3　测试结论

图 18-21 所示为飞行系统耗电测试结论示例。

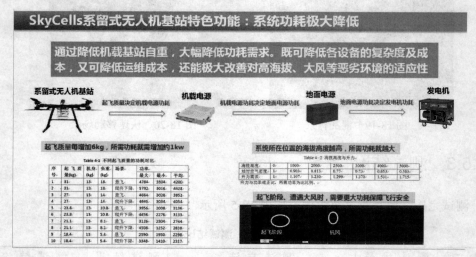

图 18-21　飞行系统耗电测试结论示例

不同起飞质量的功耗对比如表 18-6 所示。起飞质量每增加 6 kg，所需功耗就增加约 1 kW。

表 18-6　不同起飞质量的功耗对比

序号	起飞质量（kg）	机身（kg）	负重（kg）	场景	功率（kW）		
					最大	最小	平均
1	31	13	18	悬飞	4784	3504	4200
2	31	13	18	爬升下降	5792	3016	4428
3	27	13	14	悬飞	4664	3028	3852
4	27	13	14	爬升下降	4945	3034	4054
5	23.8	13	10.8	悬飞	3956	2008	3136
6	23.8	13	10.8	爬升下降	4456	2276	3133
7	21.1	13	8.1	悬飞	3126	2304	2744
8	21.1	13	8.1	爬升下降	4508	1252	2838
9	18.4	13	5.4	悬飞	2590	1950	2298
10	18.4	13	5.4	爬升下降	3348	1410	2317

AI 系统耗电测试结论示例如图 18-22 所示。

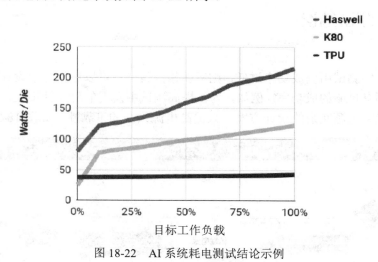

图 18-22　AI 系统耗电测试结论示例

一般规律是，随着运算量的加大，TPU 的耗电基本不变，而 Intel 的 Haswell CPU 耗电最多，NVIDIA 的 K80 GPU 耗电次之，但是明显高于 TPU。

18.7　稳定性测试

通过稳定性测试后，警用机器人的技术性工作就告一段落了。此时的警用机器人已经是一个可以满足我们初步设想的，较为完善的机器人了。接下来，就需要我们使自己从做什么、怎么做的技术性思维中脱离出来，进而转移到关于警用机器人的前景及发展的战略性思维上来。

18.7.1　测试目的

本测试的目的是验证在各种真实场景中，警用机器人各个测试用例的成功率计量。

18.7.2　测试方法

这不是独立测试，而是之前各个测试并行进行的成功率统计。

18.7.3　测试结论

　　如果某些测试用例成功率过低，则需要修改设计，可以进行冗余设计，确保所有测试用例都有足够的成功率。例如，为了提高测试中发现的可靠性不强，可以采用类似下面的多路电源冗余的设计方案，来提高电源系统的可靠性，如图 18-23 所示。

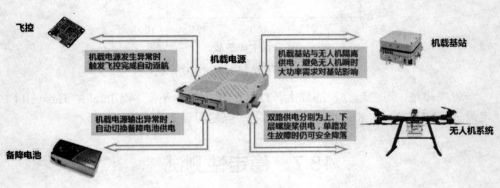

图 18-23　冗余设计

第 **19** 章
警用机器人的商业模式设计

对于任何一个预研及实验性项目而言，商业模式是未来是否可以进行大规模商用的基础和依据。本章是本书中唯一非芯片技术的章节，设立本章的目的是希望从业人员可以站在不同的角度来审视这个行业。本章主要包括的内容有市场规模分析、投资需求分析和商业模式策划。

19.1　市场规模分析

目前，机器人还没有大规模普及，并未进入家庭，故此所带来的危害也很小。但是 10～20 年后，机器人可能会走入每个人的家庭，成为家庭的一分子。每个家庭可能有很多个机器人，例如有陪人聊天的陪伴机器人，有负责家务的清洁机器人等。

如果这些机器人发生故障，就会给社会带来危害，因此需要有专门针对这些故障机器人的"警用机器人"来摧毁这些故障机器人。也就是本书中我们所设计的机器人。一般而言，世界各国警察占全国人口总量的 2‰～4‰。中国的警察数量偏少，目前拥有警察约 200 万。以后如果警用机器人成为警察中的标准配置，在警察中占比为 1%～3%，那么中国大约需要 2 万～6 万警用机器人。按照每个警察年薪 10 万元计算，大约是 20～60 亿元的警用机器人市场规模。设定利润率为 50%，整个市场利润为 10～30 亿元。

19.2 投资需求分析

依据之前研发经验和对警用机器人设计难度的分析，完成一个原型设计大约需要2年，要投入的资源具体如表 19-1 所示。

表 19-1　投资需求分析

职　　位	分　　工	人　　数	工作时间（月）	工作量（人×月）
系统设计	整系统、芯片、AI、硬件、软件	5	24	120
需求和测试	需求场景设计、测试场景设计	5	18	90
芯片设计	数字、模拟、后端	10+5+5	18	360
PCB 和组装	PCB 设计、组装、3D 设计	5	12	60
软件平台	操作系统、驱动程序	5	12	60
AI 芯片及驱动	芯片设计、驱动设计	5+5	18	180
AI 训练	素材准备、标注和训练	5	12	60
软件开发	应用控制系统	15	12	180
测试	集成测试、系统测试	10	6	60
总计				1170

根据表 19-1，原型设计大约需要 100 人×年的工作量。按照年薪 50 万元计算，大约需要总投资 5000 万元人民币。考虑到其他费用，如硬件设备采购、各种设计工具、各种测试手段，大概还需要 5000 万元的费用。

故此完成一个原型设计，大概需要 1 亿元的投资。

19.3 商业模式策划

由于机器人的使用目前还没有普及，故此这个市场不是一个马上就会到来的市场，预计还要 10～20 年之后才会变成一个真正的市场。因为风险投资基金的存续期一般为 3～8 年，此项目却要 10～20 年才会见到回报，故此目前该项目可能很难获得风险投资基金的投资。据此，比较客观的运作模式就是：以开源方式，在学校、志愿者的免费支持下逐渐地成长。虽然它的发展速度与公司通过融资进行快速迭代的方式相比会慢很多，但是优点是无须外部投资。

第 20 章

下一步研究：AI 总线技术

当我们为未来设计一款产品时，总是会创意百出。因为这个事物本来就是在世界上首次尝试，并没有太多前人的经验可以参考。故此，我们每个尝试都是世界的一次尝试，我们每前进一步，世界就前进一步。正因如此，我们可以提出很多创新点，也就是专利或者各种知识产权，作者在这里提出的 AI 总线技术就是其中一个例子。

20.1　AI 总线技术是产业发展的趋势

AI 芯片通过把 AI 特定算法做到芯片中，从而大大提高了 AI 计算的速度。

AI 总线是一种类似 CPU 总线的技术，可以把 AI 系统的各个组件连接在一起并确保准确通信。

20.1.1　为什么要做 AI 总线

目前 AI 系统的互连是通过云计算方式进行的。例如，华为公司为苏州公安局打造的监控摄像头云计算平台，可以管理多个厂家的摄像头和图像识别系统。这些系统都是基于应用层面的集成，类似于 AI 在软件层面的实现。为了达到更高的性能，必须采用更加底层的技术，AI 计算的底层实现是 AI 芯片，AI 通信就是 AI 总线。

我们以芯片设计、通信技术为基础设计出了 AI 总线技术，其基本特点如下。

- 采用了类似 AHB、PCI、USB、SATA 等总线接口的协议。
- 传输介质采用了最新的 6G 相关通信技术，支持局域、广域组网，同时具有极高的可靠性、实时性，以及高带宽。
- 具有良好的可扩展性，支持多厂家 AI 部件的互联。

我们将定义 AI 总线接口标准，同时提供各个 AI 部件接口标准化 IP，协助多厂家把自己的 AI 部件进行标准化。

20.1.2　AI 总线的优势

整体而言，AI 总线是 AI 系统互联最高效的连接方式，具体对比如图 20-1 所示。

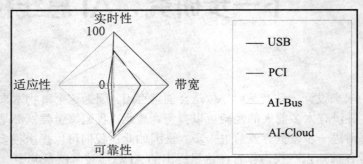

图 20-1　AI 总线与其他连接方式对比分析

20.2　AI 总线对产业界的影响

20.2.1　AI 总线的市场

随着 AI 系统的异构化、分布化，AI 总线将是各个 AI 组件（计算部件、感知部件、飞行部件、行走部件等）互连的标准接口协议。它可以为公安打造"千目巨人"，将分布在各个地方的摄像头连接在一起，形成一个统一指挥系统。它可以为军方打造"蜂群武器"，一次性指挥海量的传感器、行动单位进行协同；它还可以为民用打造"DIY 机器人"，把符合 AI 总线的各个部件连接在一起，组装成服务机器人。

20.2.2　AI 总线的作用

AI 总线是各个 AI 组件（计算部件、感知部件、飞行部件、行走部件等）互连的标准接口协议。它可以让符合接口协议的各个 AI 组件自由组装，正常工作，就像"攒电脑"一样可以"攒机器人"。

20.2.3　AI 总线是否会与现有技术、厂商发生冲突

目前 AI 连接还处于应用层面上的集成，但是随着技术的发展，AI 总线将成为更加底层和高效的技术。

20.2.4　AI 总线对产业链的影响

故 AI 最大的难点在于 AI 需要一个端到端的解决方案。端到端怎么理解？就是说原来我们做一个产品，可能只要做一个 APP，做一个软件就可以了，至少不用做硬件（有一段时间做智能硬件创业，大家可能要把软件、硬件都做了）。到了做 AI，我们不仅要做软件、硬件，在软件的背后我们还得做算法，而在做硬件之前我们可能还得做一个行业落地的整体的解决方案。就是我们要把算法、软件、硬件、解决方案这 4 个方面的内容加在一起，才能给一个行业客户提供他所预想的价值。因为它们 4 个是承接关系，比如说第一个板块做了 100%，第二个板块做了 90%，第三个板块只有 50%，那么最后给用户的感觉就是一个 50% 的产品，这是个产业长链条。

如果有了 AI 总线，AI 产业链就有了分工基础，每个 AI 厂家可以集中做自己擅长的环节，并且可以极其容易地整合在一起，形成一个整体解决方案。就像很多年前的 PC 行业一样，它是由芯片、主板、硬盘、鼠标、键盘等厂家形成的一个完整产业链。

20.3　AI 总线的核心技术

AI 总线的核心技术主要包括总线的仲裁技术、设备的自我注册技术和设备间的传输技术 3 个部分，下面来一一介绍。

20.3.1　总线的仲裁技术

由于 AI 总线是一种广域传输技术，故此只能采用基于广域的局域网络传输技术为传输基础。AI 总线采用局域网络传输技术 DHCP 作为总线仲裁技术。

图 20-2 所示为每个非仲裁器设备的上电处理流程。

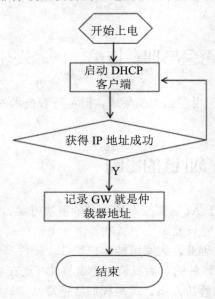

图 20-2　非仲裁器设备的上电处理流程

在每个 AI 总线网络中，需要有且仅有一个仲裁器（即 DHCP 服务器）。

20.3.2　设备的自我注册技术

每个 AI 设备都需要向 AI 总线仲裁器注册自己的信息，如表 20-1 所示。

表 20-1　AI 设备向 AI 总线仲裁器注册信息示例

设备 IP 地址	设备 名 称	设 备 类 型	设备 QoS
192.168.0.1	图像识别引擎	Brain	速度优先
192.168.0.2	AI 摄像头	Sensor/Camera/Format 1	速度优先
192.168.0.3	马达	Motor/Format 1	可靠性、实时性优先

20.3.3　设备间的传输技术

AI 总线由于采用的是广域传输，故此不同的设备间 QoS 差异也许会很大。

故此 AI 总线采用多 QoS 传输技术，对于不同的 QoS 传输需求，采用不同的传输通道进行传输。

SoC 设计原理与实战——轻松设计机器人

附录

A.1　存储控制器设计完整代码

```
/*

    DDR3 DRAM controller
    (C) Copyright 2012 Silicon On Inspiration
    www.sioi.com.au
    86 Longueville Road
    Lane Cove 2066
    New South Wales
    AUSTRALIA

    This program is free software: you can redistribute it and/or modify
    it under the terms of the GNU Lesser General Public License as
published by
    the Free Software Foundation,either version 3 of the License,or
    (at your option)any later version.

    This program is distributed in the hope that it will be useful,
    but WITHOUT ANY WARRANTY; without even the implied warranty of
    MERCHANTABILITY or FITNESS FOR A PARTICULAR PURPOSE. See the
    GNU Lesser General Public License for more details.

    You should have received a copy of the GNU Lesser General Public
License
    along with this program. If not,see http://www.gnu.org/licenses/>.
```

```
*/

`timescale 1ns / 1ps

module drac_ddr3
(
    input           ckin,
    output          ckout,
    output          ckouthalf,
    output          reset,

    inout[63:0]ddq,
    inout[7:0]dqsp,
    inout[7:0]dqsn,
    output[7:0]ddm,
    output[15:0]da,
    output[2:0]dba,
    output[2:0]dcmd,
    output[1:0]dce,
    output[1:0]dcs,
    output[1:0]dckp,
    output[1:0]dckn,
    output[1:0]dodt,

    input       srd,
    input       swr,
    input[33:5] sa,
    input[255:0]swdat,
    input[31:0] smsk,
    output[255:0]srdat,
    output      srdy,

    input[2:0]dbg_out,
    output[7:0]dbg_in
);

    reg             READ;
    reg             READ2;

    reg             ack;

    reg     [15:0]rDDR_Addr;
    reg     [2:0]rDDR_BankAddr;
```

```
reg          [1:0]rDDR_CS_n;
reg          [2:0]rDDR_Cmd;
reg          [1:0]rDDR_CKE;
reg          [1:0]rDDR_ODT;

reg          [2:0]STATE;
reg          [2:0]RTN;
reg          [5:0]DLY;

reg          [10:0]  RFCNTR;
reg                  REFRESH;

reg                  RPULSE0;
reg                  RPULSE1;
reg                  RPULSE2;
reg                  RPULSE3;
reg                  RPULSE4;
reg                  RPULSE5;
reg                  RPULSE6;
reg                  RPULSE7;
reg                  WPULSE0;
reg          [255:0] Q;

wire    [7:0]DM;
wire    [7:0]DM_t;
wire    [7:0]wDDR_DM;

wire    [7:0]   wDDR_DQS;
wire    [63:0]  DQ_i;
wire    [63:0]  DQ_i_dly;
wire    [255:0] wQ;
wire    [63:0]  DQ_o;
wire    [63:0]  DQ_t;
wire    [63:0]  wDDR_DQ;

reg          [255:0] rWdat;
reg          [31:0]  rSmsk;

reg          [13:0]  rLock = 0;
reg                  rClrPll = 1;
reg          [13:0]  rStart = 0;
reg                  rStarted = 0;
```

```
reg           [63:0]   rChgDelay;
reg           [63:0]   rIncDelay;
reg           [63:0]   rCalDelay;
reg           [63:0]   rCalDelay2;
reg           [63:0]   rRstDelay;

//Set up clocks for DDR3. Use circuitry based on UG382 Ch 1 pp33,34
//Generate the following clocks:
//
//ck600         600MHz clock for DQ IOSERDES2 high speed clock
//ck600_180     600MHz clock for DQS OSERDES2 high speed clock
//              DQS clocking lags DQ clocking by half of one bit time
//ck150         1/4 speed clock for IOSERDES2 parallel side and control
//              logic
//ck75          Clock for MicroBlaze CPU
//
//Create two copies of the 600MHz clocks,providing separate copies for
//bank 1 and bank 3. This is necessary as each BUFPLL reaches only a
//single bank. The other clocks are global(BUFG).
wire            ck600raw;
wire            ck600_180raw;
wire            ck150;
wire            ck150raw;
wire            ck75;
wire            ck75raw;
wire      [1:0]ck600;
wire      [1:0]ck600_180;
wire      [1:0]strobe;
wire      [1:0]strobe180;

//DDR3 DIMM byte lane levelling is achieved with these IODELAY2 settings:
parameter           LVL_WSLOPE = 3;
parameter           LVL_WPHASE = 6;

    BUFG bufg_main
    (
        .O                      (ckinb),
        .I                      (ckin)
    );

    PLL_BASE
    #(
        .BANDWIDTH              ("OPTIMIZED"),
```

```
        .CLK_FEEDBACK            ("CLKFBOUT"),
        .COMPENSATION            ("INTERNAL"),
        .DIVCLK_DIVIDE           (3),
        .CLKFBOUT_MULT           (29),
        .CLKFBOUT_PHASE          (0.000),
        .CLKOUT0_DIVIDE          (1),
        .CLKOUT0_PHASE           (0.000),
        .CLKOUT0_DUTY_CYCLE      (0.500),
        .CLKOUT1_DIVIDE          (1),
        .CLKOUT1_PHASE           (180.000),
        .CLKOUT1_DUTY_CYCLE      (0.500),
        .CLKOUT2_DIVIDE          (4),
        .CLKOUT2_PHASE           (0.000),
        .CLKOUT2_DUTY_CYCLE      (0.500),
        .CLKOUT3_DIVIDE          (8),
        .CLKOUT3_PHASE           (0.0),
        .CLKOUT3_DUTY_CYCLE      (0.500),
        .CLKOUT4_DIVIDE          (8),
        .CLKOUT4_PHASE           (0.0),
        .CLKOUT4_DUTY_CYCLE      (0.500),
        .CLKOUT5_DIVIDE          (8),
        .CLKOUT5_PHASE           (0.000),
        .CLKOUT5_DUTY_CYCLE      (0.500),
        .CLKIN_PERIOD            (16.000)
    )
pll_base_main
    (
        .CLKFBOUT                (pllfb0),
        .CLKOUT0                 (ck600raw),
        .CLKOUT1                 (ck600_180raw),
        .CLKOUT2                 (ck150raw),
        .CLKOUT3                 (ck75raw),
        .CLKOUT4                 (),
        .CLKOUT5                 (),
        .LOCKED                  (locked),
        .RST                     (rClrPll),
        .CLKFBIN                 (pllfb0),
        .CLKIN                   (ckinb)
    );

BUFG bufg_150
    (
        .O                       (ck150),
```

附录 A

```
        .I                              (ck150raw)
    );

    BUFG bufg_75
    (
        .O                              (ck75),
        .I                              (ck75raw)
    );

genvar i;
generate
    for (i = 0; i <= 1; i = i + 1) begin: BUFPLLS
        BUFPLL
        #(
            .DIVIDE                     (4),
            .ENABLE_SYNC                ("TRUE")
        )
        bufpll_600
        (
            .IOCLK                      (ck600[i]),
            .LOCK                       (dbg_in[i]),
            .SERDESSTROBE               (strobe[i]),
            .GCLK                       (ck150),
            .LOCKED                     (locked),
            .PLLIN                      (ck600raw)
        );

        BUFPLL
        #(
            .DIVIDE                     (4),
            .ENABLE_SYNC                ("TRUE")
        )
        bufpll_600_18
        (
            .IOCLK                      (ck600_180[i]),
            .LOCK                       (dbg_in[2 + i]),
            .SERDESSTROBE               (strobe180[i]),
            .GCLK                       (ck150),
            .LOCKED                     (locked),
            .PLLIN                      (ck600_180raw)
        );
    end
```

```verilog
//CLOCKS,two
wire    [1:0]   ckp;
wire    [1:0]   ckn;
    for (i = 0; i <= 1; i = i + 1) begin: DDRO_CLKS
        OSERDES2
        #(
            .DATA_RATE_OQ       ("SDR"),
            .DATA_RATE_OT       ("SDR"),
            .TRAIN_PATTERN      (0),
            .DATA_WIDTH         (4),
            .SERDES_MODE        ("NONE"),
            .OUTPUT_MODE        ("SINGLE_ENDED")
        )
        oserdes2_dckp
        (
            .D1                 (1'b0),
            .D2                 (1'b1),
            .D3                 (1'b0),
            .D4                 (1'b1),
            .T1                 (1'b0),
            .T2                 (1'b0),
            .T3                 (1'b0),
            .T4                 (1'b0),
            .SHIFTIN1           (1'b1),
            .SHIFTIN2           (1'b1),
            .SHIFTIN3           (1'b1),
            .SHIFTIN4           (1'b1),
            .SHIFTOUT1          (),
            .SHIFTOUT2          (),
            .SHIFTOUT3          (),
            .SHIFTOUT4          (),
            .TRAIN              (1'b0),
            .OCE                (1'b1),
            .CLK0               (ck600_180[1]),
            .CLK1               (1'b0),
            .CLKDIV             (ck150),
            .OQ                 (ckp[i]),
            .TQ                 (),
            .IOCE               (strobe180[1]),
            .TCE                (1'b1),
            .RST                (reset)
        );
```

```verilog
OSERDES2
#(
    .DATA_RATE_OQ       ("SDR"),
    .DATA_RATE_OT       ("SDR"),
    .TRAIN_PATTERN      (0),
    .DATA_WIDTH         (4),
    .SERDES_MODE        ("NONE"),
    .OUTPUT_MODE        ("SINGLE_ENDED")
)
oserdes2_dckn
(
    .D1                 (1'b1),
    .D2                 (1'b0),
    .D3                 (1'b1),
    .D4                 (1'b0),
    .T1                 (1'b0),
    .T2                 (1'b0),
    .T3                 (1'b0),
    .T4                 (1'b0),
    .SHIFTIN1           (1'b1),
    .SHIFTIN2           (1'b1),
    .SHIFTIN3           (1'b1),
    .SHIFTIN4           (1'b1),
    .SHIFTOUT1          (),
    .SHIFTOUT2          (),
    .SHIFTOUT3          (),
    .SHIFTOUT4          (),
    .TRAIN              (1'b0),
    .OCE                (1'b1),
    .CLK0               (ck600_180[1]),
    .CLK1               (1'b0),
    .CLKDIV             (ck150),
    .OQ                 (ckn[i]),
    .TQ                 (),
    .IOCE               (strobe180[1]),
    .TCE                (1'b1),
    .RST                (reset)
);

OBUF obuft_ckp
(
    .O(dckp[i]),
    .I(ckp[i])
```

```
        );

        OBUF obuf_ckn
        (
            .O(dckn[i]),
            .I(ckn[i])
        );
    end

//Address,Bank address
//NB ISIM can't grok parameter arrays, hence the following sim/synth
bifurcation
`ifdef XILINX_ISIM
`else
    parameter integer bank_a[15:0] = {0,0,1,0,0,1,0,0,0,0,0,0,0,1,
1,1};
    parameter integer bank_ba[2:0] = {0,1,1};
`endif

    wire [15:0] wa;
    for (i = 0; i <= 15; i = i + 1) begin: DDRO_A
        OSERDES2
        #(
            .DATA_RATE_OQ       ("SDR"),
            .DATA_RATE_OT       ("SDR"),
            .TRAIN_PATTERN      (0),
            .DATA_WIDTH         (4),
            .SERDES_MODE        ("NONE"),
            .OUTPUT_MODE        ("SINGLE_ENDED")
        )
        oserdes2_a
        (
            .D1                 (rDDR_Addr[i]),
            .D2                 (rDDR_Addr[i]),
            .D3                 (rDDR_Addr[i]),
            .D4                 (rDDR_Addr[i]),
            .T1                 (1'b0),
            .T2                 (1'b0),
            .T3                 (1'b0),
            .T4                 (1'b0),
            .SHIFTIN1           (1'b1),
            .SHIFTIN2           (1'b1),
            .SHIFTIN3           (1'b1),
```

```verilog
            .SHIFTIN4             (1'b1),
            .SHIFTOUT1            (),
            .SHIFTOUT2            (),
            .SHIFTOUT3            (),
            .SHIFTOUT4            (),
            .TRAIN               (1'b0),
            .OCE                 (1'b1),
`ifdef XILINX_ISIM
            .CLK0                (ck600_180[0]),
`else
            .CLK0                (ck600_180[bank_a[i]]),
`endif
            .CLK1                (1'b0),
            .CLKDIV              (ck150),
            .OQ                  (wa[i]),
            .TQ                  (),
`ifdef XILINX_ISIM
            .IOCE                (strobe180[0]),
`else
            .IOCE                (strobe180[bank_a[i]]),
`endif
            .TCE                 (1'b1),
            .RST                 (reset)
        );

        OBUF obuf_a
        (
          .O(da[i]),
          .I(wa[i])
        );
    end

wire    [2:0]  wba;
    for (i = 0; i <= 2; i = i + 1) begin: DDRO_BA
        OSERDES2
        #(
            .DATA_RATE_OQ        ("SDR"),
            .DATA_RATE_OT        ("SDR"),
            .TRAIN_PATTERN       (0),
            .DATA_WIDTH          (4),
            .SERDES_MODE         ("NONE"),
            .OUTPUT_MODE         ("SINGLE_ENDED")
        )
```

```
        oserdes2_ba
        (
            .D1                     (rDDR_BankAddr[i]),
            .D2                     (rDDR_BankAddr[i]),
            .D3                     (rDDR_BankAddr[i]),
            .D4                     (rDDR_BankAddr[i]),
            .T1                     (1'b0),
            .T2                     (1'b0),
            .T3                     (1'b0),
            .T4                     (1'b0),
            .SHIFTIN1               (1'b1),
            .SHIFTIN2               (1'b1),
            .SHIFTIN3               (1'b1),
            .SHIFTIN4               (1'b1),
            .SHIFTOUT1              (),
            .SHIFTOUT2              (),
            .SHIFTOUT3              (),
            .SHIFTOUT4              (),
            .TRAIN                  (1'b0),
            .OCE                    (1'b1),
`ifdef XILINX_ISIM
            .CLK0                   (ck600_180[0]),
`else
            .CLK0                   (ck600_180[bank_ba[i]]),
`endif
            .CLK1                   (1'b0),
            .CLKDIV                 (ck150),
            .OQ                     (wba[i]),
            .TQ                     (),
`ifdef XILINX_ISIM
            .IOCE                   (strobe180[0]),
`else
            .IOCE                   (strobe180[bank_ba[i]]),
`endif
            .TCE                    (1'b1),
            .RST                    (reset)
        );

        OBUF obuf_ba
        (
          .O(dba[i]),
          .I(wba[i])
        );
```

```
        end

// command, ChipSelect
wire    [2:0]   wkmd;
    for (i = 0; i <= 2; i = i + 1) begin: DDRO_KMD
        OSERDES2
        #(
            .DATA_RATE_OQ       ("SDR"),
            .DATA_RATE_OT       ("SDR"),
            .TRAIN_PATTERN      (0),
            .DATA_WIDTH         (4),
            .SERDES_MODE        ("NONE"),
            .OUTPUT_MODE        ("SINGLE_ENDED")
        )
        oserdes2_kmd
        (
            .D1                 (rDDR_Cmd[i]),  //Command for 1 cycle
            .D2                 (rDDR_Cmd[i]),
            .D3                 (1'b1),         //NOP thereafter
            .D4                 (1'b1),
            .T1                 (1'b0),
            .T2                 (1'b0),
            .T3                 (1'b0),
            .T4                 (1'b0),
            .SHIFTIN1           (1'b1),
            .SHIFTIN2           (1'b1),
            .SHIFTIN3           (1'b1),
            .SHIFTIN4           (1'b1),
            .SHIFTOUT1          (),
            .SHIFTOUT2          (),
            .SHIFTOUT3          (),
            .SHIFTOUT4          (),
            .TRAIN              (1'b0),
            .OCE                (1'b1),
            .CLK0               (ck600_180[1]),
            .CLK1               (1'b0),
            .CLKDIV             (ck150),
            .OQ                 (wkmd[i]),
            .TQ                 (),
            .IOCE               (strobe180[1]),
            .TCE                (1'b1),
            .RST                (reset)
        );
```

```
        OBUF obuf_kmd
        (
          .O(dcmd[i]),
          .I(wkmd[i])
        );
    end

wire    [1:0]   wcs;
    for (i = 0; i <= 1; i = i + 1) begin: DDRO_CS
        OSERDES2
        #(
            .DATA_RATE_OQ           ("SDR"),
            .DATA_RATE_OT           ("SDR"),
            .TRAIN_PATTERN          (0),
            .DATA_WIDTH             (4),
            .SERDES_MODE            ("NONE"),
            .OUTPUT_MODE            ("SINGLE_ENDED")
        )
        oserdes2_cs
        (
            .D1                     (rDDR_CS_n[i]),
            .D2                     (rDDR_CS_n[i]),
            .D3                     (rDDR_CS_n[i]),
            .D4                     (rDDR_CS_n[i]),
            .T1                     (1'b0),
            .T2                     (1'b0),
            .T3                     (1'b0),
            .T4                     (1'b0),
            .SHIFTIN1               (1'b1),
            .SHIFTIN2               (1'b1),
            .SHIFTIN3               (1'b1),
            .SHIFTIN4               (1'b1),
            .SHIFTOUT1              (),
            .SHIFTOUT2              (),
            .SHIFTOUT3              (),
            .SHIFTOUT4              (),
            .TRAIN                  (1'b0),
            .OCE                    (1'b1),
            .CLK0                   (ck600_180[1]),
            .CLK1                   (1'b0),
            .CLKDIV                 (ck150),
            .OQ                     (wcs[i]),
```

```verilog
            .TQ                 (),
            .IOCE               (strobe180[1]),
            .TCE                (1'b1),
            .RST                (reset)
        );

        OBUF obuf_cs
        (
           .O(dcs[i]),
           .I(wcs[i])
        );
    end

//CKE,ODT
wire    [1:0]   wcke;
    for (i = 0; i <= 1; i = i + 1) begin: DDRO_CKE
        OSERDES2
        #(
            .DATA_RATE_OQ       ("SDR"),
            .DATA_RATE_OT       ("SDR"),
            .TRAIN_PATTERN      (0),
            .DATA_WIDTH         (4),
            .SERDES_MODE        ("NONE"),
            .OUTPUT_MODE        ("SINGLE_ENDED")
        )
        oserdes2_cke
        (
            .D1                 (rDDR_CKE[i]),
            .D2                 (rDDR_CKE[i]),
            .D3                 (rDDR_CKE[i]),
            .D4                 (rDDR_CKE[i]),
            .T1                 (1'b0),
            .T2                 (1'b0),
            .T3                 (1'b0),
            .T4                 (1'b0),
            .SHIFTIN1           (1'b1),
            .SHIFTIN2           (1'b1),
            .SHIFTIN3           (1'b1),
            .SHIFTIN4           (1'b1),
            .SHIFTOUT1          (),
            .SHIFTOUT2          (),
            .SHIFTOUT3          (),
            .SHIFTOUT4          (),
```

```
            .TRAIN          (1'b0),
            .OCE            (1'b1),
            .CLK0           (ck600_180[0]),
            .CLK1           (1'b0),
            .CLKDIV         (ck150),
            .OQ             (wcke[i]),
            .TQ             (),
            .IOCE           (strobe180[0]),
            .TCE            (1'b1),
            .RST            (reset)
        );

        OBUF obuf_cke
        (
          .O(dce[i]),
          .I(wcke[i])
        );
    end

wire    [1:0]   wodt;
    for (i = 0; i <= 1; i = i + 1) begin: DDRO_ODT
        OSERDES2
        #(
            .DATA_RATE_OQ       ("SDR"),
            .DATA_RATE_OT       ("SDR"),
            .TRAIN_PATTERN      (0),
            .DATA_WIDTH         (4),
            .SERDES_MODE        ("NONE"),
            .OUTPUT_MODE        ("SINGLE_ENDED")
        )
        oserdes2_odt
        (
            .D1             (rDDR_ODT[i]),
            .D2             (rDDR_ODT[i]),
            .D3             (rDDR_ODT[i]),
            .D4             (rDDR_ODT[i]),
            .T1             (1'b0),
            .T2             (1'b0),
            .T3             (1'b0),
            .T4             (1'b0),
            .SHIFTIN1       (1'b1),
            .SHIFTIN2       (1'b1),
            .SHIFTIN3       (1'b1),
```

```
                .SHIFTIN4              (1'b1),
                .SHIFTOUT1            (),
                .SHIFTOUT2            (),
                .SHIFTOUT3            (),
                .SHIFTOUT4            (),
                .TRAIN                (1'b0),
                .OCE                  (1'b1),
                .CLK0                 (ck600_180[1]),
                .CLK1                 (1'b0),
                .CLKDIV               (ck150),
                .OQ                   (wodt[i]),
                .TQ                   (),
                .IOCE                 (strobe180[1]),
                .TCE                  (1'b1),
                .RST                  (reset)
            );

            OBUF obuf_odt
            (
                .O(dodt[i]),
                .I(wodt[i])
            );
        end

//DQ STROBES,8 differential pairs
wire    [7:0]    dqso;
wire    [7:0]    dqso_d;
wire    [7:0]    dqst;
wire    [7:0]    dqst_d;
wire    [7:0]    dqson;
wire    [7:0]    dqson_d;
wire    [7:0]    dqstn;
wire    [7:0]    dqstn_d;
wire    [7:0]    dummy;
wire    [7:0]    dummyp;
wire    [7:0]    dummyn;
        for (i = 0; i <= 7; i = i + 1) begin: DDRIO_DQS
        OSERDES2
        #(
            .DATA_RATE_OQ            ("SDR"),
            .DATA_RATE_OT            ("SDR"),
            .TRAIN_PATTERN          (0),
            .DATA_WIDTH             (4),
```

```
    .SERDES_MODE        ("NONE"),
    .OUTPUT_MODE        ("SINGLE_ENDED")
)
oserdes2_dqsp
(
    .D1                 (1'b0),
    .D2                 (1'b1),
    .D3                 (1'b0),
    .D4                 (1'b1),
    .T1                 (READ),
    .T2                 (READ),
    .T3                 (READ),
    .T4                 (READ),
    .SHIFTIN1           (1'b1),
    .SHIFTIN2           (1'b1),
    .SHIFTIN3           (1'b1),
    .SHIFTIN4           (1'b1),
    .SHIFTOUT1          (),
    .SHIFTOUT2          (),
    .SHIFTOUT3          (),
    .SHIFTOUT4          (),
    .TRAIN              (1'b0),
    .OCE                (1'b1),
    .CLK0               (ck600_180[i >> 2]),
    .CLK1               (1'b0),
    .CLKDIV             (ck150),
    .OQ                 (dqso[i]),
    .TQ                 (dqst[i]),
    .IOCE               (strobe180[i >> 2]),
    .TCE                (1'b1),
    .RST                (reset)
);

OSERDES2
#(
    .DATA_RATE_OQ       ("SDR"),
    .DATA_RATE_OT       ("SDR"),
    .TRAIN_PATTERN      (0),
    .DATA_WIDTH         (4),
    .SERDES_MODE        ("NONE"),
    .OUTPUT_MODE        ("SINGLE_ENDED")
)
oserdes2_dqsn
```

```
    (
        .D1                 (1'b1),
        .D2                 (1'b0),
        .D3                 (1'b1),
        .D4                 (1'b0),
        .T1                 (READ),
        .T2                 (READ),
        .T3                 (READ),
        .T4                 (READ),
        .SHIFTIN1           (1'b1),
        .SHIFTIN2           (1'b1),
        .SHIFTIN3           (1'b1),
        .SHIFTIN4           (1'b1),
        .SHIFTOUT1          (),
        .SHIFTOUT2          (),
        .SHIFTOUT3          (),
        .SHIFTOUT4          (),
        .TRAIN              (1'b0),
        .OCE                (1'b1),
        .CLK0               (ck600_180[i >> 2]),
        .CLK1               (1'b0),
        .CLKDIV             (ck150),
        .OQ                 (dqson[i]),
        .TQ                 (dqstn[i]),
        .IOCE               (strobe180[i >> 2]),
        .TCE                (1'b1),
        .RST                (reset)
    );

    IODELAY2
    #(
        .DATA_RATE          ("SDR"),
        .ODELAY_VALUE       (LVL_WPHASE + i * LVL_WSLOPE),
        .IDELAY_VALUE       (LVL_WPHASE + i * LVL_WSLOPE),
        .IDELAY_TYPE        ("FIXED"),
        .DELAY_SRC          ("IO")
    )
    iodelay2_dqsp
    (
        .ODATAIN            (dqso[i]),
        .DOUT               (dqso_d[i]),

        .T                  (dqst[i]),
```

```
        .TOUT               (dqst_d[i]),

        .IDATAIN            (dummyp[i])
    );

    IODELAY2
    #(
        .DATA_RATE          ("SDR"),
        .ODELAY_VALUE       (LVL_WPHASE + i * LVL_WSLOPE),
        .IDELAY_VALUE       (LVL_WPHASE + i * LVL_WSLOPE),
        .IDELAY_TYPE        ("FIXED"),
        .DELAY_SRC          ("IO")
    )
    iodelay2_dqsn
    (
        .ODATAIN            (dqson[i]),
        .DOUT               (dqson_d[i]),

        .T                  (dqstn[i]),
        .TOUT               (dqstn_d[i]),

        .IDATAIN            (dummyn[i])
    );

    IOBUF iobuf_dqsp
    (
        .O(dummyp[i]),
        .IO(dqsp[i]),
        .I(dqso_d[i]),
        .T(dqst_d[i])
    );

    IOBUF iobuf_dqsn
    (
        .O(dummyn[i]),
        .IO(dqsn[i]),
        .I(dqson_d[i]),
        .T(dqstn_d[i])
    );

end

//DATA MASKS,8
```

```verilog
wire    [7:0]   dmo;
wire    [7:0]   dmo_d;
wire    [7:0]   dmt;
wire    [7:0]   dmt_d;
    for (i = 0; i <= 7; i = i + 1) begin: DDRO_DM
        OSERDES2
        #(
            .DATA_RATE_OQ       ("SDR"),
            .DATA_RATE_OT       ("SDR"),
            .TRAIN_PATTERN      (0),
            .DATA_WIDTH         (4),
            .SERDES_MODE        ("NONE"),
            .OUTPUT_MODE        ("SINGLE_ENDED")
        )
        oserdes2_dm
        (
            .D1                 (rSmsk[i]),
            .D2                 (rSmsk[i + 8]),
            .D3                 (rSmsk[i + 16]),
            .D4                 (rSmsk[i + 24]),
            .T1                 (READ),
            .T2                 (READ),
            .T3                 (READ),
            .T4                 (READ),
            .SHIFTIN1           (1'b1),
            .SHIFTIN2           (1'b1),
            .SHIFTIN3           (1'b1),
            .SHIFTIN4           (1'b1),
            .SHIFTOUT1          (),
            .SHIFTOUT2          (),
            .SHIFTOUT3          (),
            .SHIFTOUT4          (),
            .TRAIN              (1'b0),
            .OCE                (1'b1),
            .CLK0               (ck600[i >> 2]),
            .CLK1               (1'b0),
            .CLKDIV             (ck150),
            .OQ                 (dmo[i]),
            .TQ                 (dmt[i]),
            .IOCE               (strobe[i >> 2]),
            .TCE                (1'b1),
            .RST                (reset)
        );
```

```
                IODELAY2
                #(
                    .DATA_RATE              ("SDR"),
                    .ODELAY_VALUE           (LVL_WPHASE + i * LVL_WSLOPE),
                    .IDELAY_VALUE           (LVL_WPHASE + i * LVL_WSLOPE),
                    .IDELAY_TYPE            ("FIXED"),
                    .DELAY_SRC              ("IO")
                )
                iodelay2_dm
                (
                    .ODATAIN                (dmo[i]),
                    .DOUT                   (dmo_d[i]),

                    .T                      (dmt[i]),
                    .TOUT                   (dmt_d[i]),

                    .IDATAIN                (dummy[i])
                );

                IOBUF iobuf_dm
                (
                    .O(dummy[i]),
                    .IO(ddm[i]),
                    .I(dmo_d[i]),
                    .T(dmt_d[i])
                );
            end

// DQ LINES,64
wire    [63:0]  dqo;
wire    [63:0]  dqo_d;
wire    [63:0]  dqt;
wire    [63:0]  dqt_d;
wire    [63:0]  dqi;
wire    [63:0]  dqi_d;
        for (i = 0; i <= 63; i = i + 1) begin: DDRIO_DQ
            OSERDES2
            #(
                .DATA_RATE_OQ           ("SDR"),
                .DATA_RATE_OT           ("SDR"),
                .TRAIN_PATTERN          (0),
                .DATA_WIDTH             (4),
```

```
    .SERDES_MODE       ("NONE"),
    .OUTPUT_MODE       ("SINGLE_ENDED")
)
oserdes2_dq
(
    .D1                (rWdat[i]),
    .D2                (rWdat[i + 64]),
    .D3                (rWdat[i + 128]),
    .D4                (rWdat[i + 192]),
    .T1                (READ),
    .T2                (READ),
    .T3                (READ),
    .T4                (READ),
    .SHIFTIN1          (1'b1),
    .SHIFTIN2          (1'b1),
    .SHIFTIN3          (1'b1),
    .SHIFTIN4          (1'b1),
    .SHIFTOUT1         (),
    .SHIFTOUT2         (),
    .SHIFTOUT3         (),
    .SHIFTOUT4         (),
    .TRAIN             (1'b0),
    .OCE               (1'b1),
    .CLK0              (ck600[i >> 5]),
    .CLK1              (1'b0),
    .CLKDIV            (ck150),
    .OQ                (dqo[i]),
    .TQ                (dqt[i]),
    .IOCE              (strobe[i >> 5]),
    .TCE               (1'b1),
    .RST               (reset)
);

IODELAY2
#(
    .DATA_RATE         ("SDR"),
    .IDELAY_VALUE      (0),
    .ODELAY_VALUE      (LVL_WPHASE + ((i * LVL_WSLOPE) >> 3)),
    .IDELAY_TYPE       ("VARIABLE_FROM_ZERO"),
    .DELAY_SRC         ("IO")
)
iodelay2_dq
(
```

```
    .ODATAIN            (dqo[i]),
    .DOUT               (dqo_d[i]),

    .T                  (dqt[i]),
    .TOUT               (dqt_d[i]),

    .IDATAIN            (dqi[i]),
    .DATAOUT            (dqi_d[i]),

    .CE                 (rChgDelay[i]),
    .INC                (rIncDelay[i]),
    .CLK                (ck150),
    .CAL                (rCalDelay2[i]),
    .RST                (rRstDelay[i]),
    .IOCLK0             (ck600[i >> 5])
);

IOBUF iobuf_dq
(
    .O(dqi[i]),
    .IO(ddq[i]),
    .I(dqo_d[i]),
    .T(dqt_d[i])
);

ISERDES2
#(
    .BITSLIP_ENABLE     ("FALSE"),
    .DATA_RATE          ("SDR"),
    .DATA_WIDTH         (4),
    .INTERFACE_TYPE     ("RETIMED"),
    .SERDES_MODE        ("NONE")
)
iserdes2_dq
(
    .Q1                 (wQ[i]),
    .Q2                 (wQ[i + 64]),
    .Q3                 (wQ[i + 128]),
    .Q4                 (wQ[i + 192]),
    .SHIFTOUT           (),
    .INCDEC             (),
    .VALID              (),
    .BITSLIP            (),
```

```
              .CE0                   (READ),
              .CLK0                  (ck600[i >> 5]),
              .CLK1                  (1'b0),
              .CLKDIV                (ck150),
              .D                     (dqi_d[i]),
              .IOCE                  (strobe[i >> 5]),
              .RST                   (reset),
              .SHIFTIN               (),
              .FABRICOUT             (),
              .CFB0                  (),
              .CFB1                  (),
              .DFB                   ()
          );
      end
  endgenerate

  //DDR commands
  parameter    K_LMR   = 3'h0; //Load Mode Register (Mode Register Set)
  parameter    K_RFSH  = 3'h1; //Refresh (auto or self)
  parameter    K_CLOSE = 3'h2; //aka PRECHARGE
  parameter    K_OPEN  = 3'h3; //aka ACTIVATE
  parameter    K_WRITE = 3'h4;
  parameter    K_READ  = 3'h5;
  parameter    K_ZQCAL = 3'h6; //ZQ calibration
  parameter    K_NOP   = 3'h7;

  //States
  parameter    S_INIT  = 3'h3;
  parameter    S_INIT2 = 3'h5;
  parameter    S_IDLE  = 3'h0;
  parameter    S_READ  = 3'h1;
  parameter    S_WRITE = 3'h2;
  parameter    S_PAUSE = 3'h4;

  //Main DDR3 timings      spec      @150MHz
  //tRAS      RAS time          37.5 ns 6 clks  open to close
  //tRC       RAS cycle         50.6 ns 8 clks  open to next open
  //tRP       RAS precharge     13.1 ns 2 clks  close to open
  //tRRD      RAS to RAS delay  4 clks  4 clks
  //tRCD      RAS to CAS delay  13.2 ns 2 clks
  //CL        CAS Latency       5 clks  5 clks
  //tWR       Write time        15 ns   3 clks  Write finished to
  close issued
```

```verilog
//tWTR        Write to Read        4 clks  4 clks  Write finished to read
issued
//tRFC         Refresh command 1Gb 110ns    17 clks Refresh command time
for 1Gb parts
//tRFC         Refresh command 2Gb 160ns    24 clks Refresh command time
for 2Gb parts
//tRFC         Refresh command 4Gb 260ns    39 clks Refresh command time
for 4Gb parts
//tREFI Refresh interval 7.8 us 1170 clks
//tDQSS DQS start              +-0.25 clks Time from DDR_Clk to DQS
parameter    tRFC = 39;
parameter    tRCD = 3;
parameter    tRP = 3;


//Provide the PLL with a good long start up reset
always @ (posedge ckinb) begin
    if (rLock[13] == 1'b1) begin
        rClrPll <= 1'b0;
    end else begin
        rClrPll <= 1'b1;
        rLock <= rLock + 14'b1;
    end
end


//Hold the rest of the system in reset until the PLL has been locked for
//a good long while
always @ (posedge ckinb) begin
    if (rStart[13] == 1'b1) begin
        rStarted <= 1'b1;
    end else begin
        rStarted <= 1'b0;
        if (locked) begin
            rStart <= rStart + 14'b1;
        end else begin
            rStart <= 0;
        end
    end
end


//Add pipeline delays as required to make it easy for PAR to meet timing
always @ (posedge ck150) begin
    Q <= wQ;
    rWdat <= swdat;
```

```verilog
        rSmsk <= smsk;
        rCalDelay2 <= rCalDelay;
end

always @ (posedge reset or posedge ck150)
    if (reset) begin
        rDDR_CKE <= 2'b00;
        rDDR_CS_n <= 2'b11;
        rDDR_ODT <= 2'b00;
        rDDR_Cmd <= K_NOP;

        STATE <= S_INIT;
        DLY <= 0;
        RTN <= 0;
        RFCNTR <= 0;
        REFRESH <= 0;

        ack <= 0;

        RPULSE0 <= 0;
        WPULSE0 <= 0;
        rChgDelay <= 64'd0;
        rIncDelay <= 64'd0;
        rCalDelay <= 64'd0;
        rRstDelay <= 64'd0;
    end else begin
        if (RFCNTR[10:7] == 4'b1001) begin //1153/150MHz~7.7us
            RFCNTR <= 0;
            REFRESH <= 1;
        end else
            RFCNTR <= RFCNTR + 11'b1;

        RPULSE1 <= RPULSE0;
        RPULSE2 <= RPULSE1;
        RPULSE3 <= RPULSE2;
        RPULSE4 <= RPULSE3;
        RPULSE5 <= RPULSE4;
        RPULSE6 <= RPULSE5;
        RPULSE7 <= RPULSE6;

        case (dbg_out[2:0])
            3'd0: begin
                ack <= WPULSE0 | RPULSE4;
```

```verilog
        end

    3'd1: begin
        ack <= WPULSE0 | RPULSE5;
    end

    3'd2: begin
        ack <= WPULSE0 | RPULSE6;
    end

    3'd3: begin
        ack <= WPULSE0 | RPULSE7;
    end

    3'd4: begin
        ack <= WPULSE0 | RPULSE4;
    end

    3'd5: begin
        ack <= WPULSE0 | RPULSE5;
    end

    3'd6: begin
        ack <= WPULSE0 | RPULSE6;
    end

    3'd7: begin
        ack <= WPULSE0 | RPULSE7;
    end
endcase

case (STATE)
    S_INIT: begin
        rDDR_CKE <= 2'b11;
        READ <= 0;
        rDDR_BankAddr <= sa[15:13];
        rDDR_Addr <= sa[31:16];
        if (swr) begin
            rDDR_CS_n <= sa[32] ? 2'b01 : 2'b10;
            STATE <= S_INIT2;
            rDDR_Cmd <= sa[10:8];
            WPULSE0 <= 1;
        end
```

附录 A

```
        end

        S_INIT2: begin
            RTN <= sa[33] ? S_INIT : S_IDLE;
            rDDR_Cmd <= K_NOP;
            STATE <= S_PAUSE;
            DLY <= 20;
            WPULSE0 <= 0;
        end

        S_IDLE: begin
            READ <= 0;
            rDDR_ODT <= 2'b00;
            if (swr) begin
                rDDR_Cmd <= K_OPEN;
                STATE <= S_PAUSE;
                RTN <= S_WRITE;
                DLY <= tRCD - 1;
                rDDR_Addr <= sa[31:16];
                rDDR_BankAddr <= sa[15:13];
                rDDR_CS_n <= sa[32] ? 2'b01 : 2'b10;
            end else if (srd) begin
                rDDR_Cmd <= K_OPEN;
                STATE <= S_PAUSE;
                RTN <= S_READ;
                DLY <= tRCD - 1;
                rDDR_Addr <= sa[31:16];
                rDDR_BankAddr <= sa[15:13];
                rDDR_CS_n <= sa[32] ? 2'b01 : 2'b10;
            end else if (REFRESH) begin
                rDDR_Cmd <= K_RFSH;
                STATE <= S_PAUSE;
                RTN <= S_IDLE;
                DLY <= tRFC - 1;
                REFRESH <= 0;
                rDDR_CS_n <= 2'b00;
            end else begin
                rDDR_Cmd <= K_NOP;
                rDDR_CS_n <= 2'b00;
            end
        end

//Address bits
```

```
// ============
// MB      pg  Lwd sa   Row Col Bnk CS
// [X]     -   -   -    -   -   -   -
// [X]     -   -   -    -   -   -   -
// 2       -   0   -    -   -   -   -
// 3       -   1   [L]  -   0   -   -
// 4       -   2   [L]  -   1   -   -
// 5       -   -   5    -   2   -   -
// 6       -   -   6    -   3   -   -
// 7       -   -   7    -   4   -   -
// 8       -   -   8    -   5   -   -
// 9       -   -   9    -   6   -   -
// 10      -   -   10   -   7   -   -
// 11      -   -   11   -   8   -   -
// 12      -   -   12   -   9   -   -
// 13      -   -   13   -   [P] 0   -
// 14      -   -   14   -   -   1   -
// 15      -   -   15   -   -   2   -
// 16      -   -   16   0   -   -   -
// 17      -   -   17   1   -   -   -
// 18      -   -   18   2   -   -   -
// 19      -   -   19   3   -   -   -
// 20      -   -   20   4   -   -   -
// 21      -   -   21   5   -   -   -
// 22      -   -   22   6   -   -   -
// 23      -   -   23   7   -   -   -
// 24      -   -   24   8   -   -   -
// 25      -   -   25   9   -   -   -
// 26      -   -   26   10  -   -   -
// 27      -   -   27   11  -   -   -
// 28      -   -   28   12  -   -   -
// 29      -   -   29   13  -   -   -
//[H] 0 -      30   14  -   -   -
//[H] 1 -      31   15  -   -   -
// -   2 -      32   -   -   -   0
// -   3 -      33   -   -   -   Extra address bit for DRAM init Register space

        S_WRITE: begin
            rDDR_Cmd <= K_WRITE;
            STATE <= S_PAUSE;
            RTN <= S_IDLE;
            DLY <= 14; //CWL + 2xfer + tWR + tRP
            rDDR_Addr[10:0] <= {1'b1, sa[12:5], 2'b00};
```

```
                //NB two LSBs ignored by DDR3 during WRITE
                rDDR_Addr[12] <= dbg_out[2];
                rDDR_BankAddr <= sa[15:13];
                rDDR_ODT <= sa[16] ? 2'b10 : 2'b01;
                //Use ODT only in one rank, otherwise 40R || 40R -> 20R
                WPULSE0 <= 1;
                if (sa[33]) begin
                    rChgDelay <= rWdat[63:0];
                    rIncDelay <= rWdat[127:64];
                    rCalDelay <= rWdat[191:128];
                    rRstDelay <= rWdat[255:192];
                end else begin
                    rChgDelay <= 64'd0;
                    rIncDelay <= 64'd0;
                    rCalDelay <= 64'd0;
                    rRstDelay <= 64'd0;
                end
            end


        S_READ: begin
            rDDR_Cmd <= K_READ;
            STATE <= S_PAUSE;
            RTN <= S_IDLE;
            DLY <= 10; //CL + 2xfer + 1 + tRP
            rDDR_Addr[10:0] <= {1'b1, sa[12:5], 2'b00};
            rDDR_Addr[12] <= dbg_out[2];
            rDDR_BankAddr <= sa[15:13];
            READ <= 1;
            RPULSE0 <= 1;
        end


        S_PAUSE: begin
            rDDR_Cmd <= K_NOP;
            DLY <= DLY - 6'b000001;
            if (DLY == 6'b000001)
                STATE <= RTN;
            else
                STATE <= S_PAUSE;
            RPULSE0 <= 0;
            WPULSE0 <= 0;
            rChgDelay <= 64'd0;
            rIncDelay <= 64'd0;
            rCalDelay <= 64'd0;
```

```verilog
                    rRstDelay <= 64'd0;
                end
            endcase
        end

assign srdat         = Q;
assign srdy          = ack;

assign ckouthalf     = ck75;
assign ckout         = ck150;

assign reset         = ~rStarted;
assign dbg_in[4]     = locked;
assign dbg_in[7:5]   = rDDR_Cmd;

endmodule
```

A.2 ADC 设计完整代码

```vhdl
-- -----------------------------
-- Copyright 1995-2008 DOULOS
--    designer : Tim Pagden
--    opened:  2 Feb 1996
-- -----------------------------

-- Architectures:
--   02.02.96 original
--   20/05/08 edited to replace vfp_lib with numeric_std

library ieee;
  use ieee.std_logic_1164.all;
  use ieee.numeric_std.all;

entity ADC_8_bit is
  port (analog_in : in real range -15.0 to +15.0;
        digital_out : out std_logic_vector(7 downto 0)
      );
end entity;

architecture original of ADC_8_bit is
```

```vhdl
    constant conversion_time: time := 25 ns;

  signal instantly_digitized_signal : std_logic_vector(7 downto 0);
  signal delayed_digitized_signal : std_logic_vector(7 downto 0);

  function ADC_8b_10v_bipolar (
    analog_in: real range -15.0 to +15.0
  ) return std_logic_vector is
    constant max_abs_digital_value : integer := 128;
    constant max_in_signal : real := 10.0;
    variable analog_signal: real;
    variable analog_abs: real;
    variable analog_limited: real;
    variable digitized_signal: integer;
    variable digital_out: std_logic_vector(7 downto 0);
  begin
    analog_signal := real(analog_in);
    if (analog_signal < 0.0) then     -- i/p = -ve
      digitized_signal := integer(analog_signal * 12.8);
      if (digitized_signal < -(max_abs_digital_value)) then
        digitized_signal := -(max_abs_digital_value);
      end if;
    else     -- i/p = +ve
      digitized_signal := integer(analog_signal * 12.8);
      if (digitized_signal > (max_abs_digital_value - 1)) then
        digitized_signal := max_abs_digital_value - 1;
      end if;
    end if;
    digital_out := std_logic_vector(to_signed(digitized_signal,
digital_out'length));
    return digital_out;
  end ADC_8b_10v_bipolar;

begin

  s0: instantly_digitized_signal <=
      std_logic_vector (ADC_8b_10v_bipolar (analog_in));

  s1: delayed_digitized_signal <=
      instantly_digitized_signal after conversion_time;

  s2: digital_out <= delayed_digitized_signal;
```

```
end original;

library ieee;
use ieee.std_logic_1164.all;
use IEEE.Numeric_Std.all;
use work.sine_package.all;

entity adc_tb is end;

architecture test of adc_tb is

  component sine_wave
    port(clock, reset, enable: in std_logic;
         wave_out: out sine_vector_type);
  end component;

  component ADC_8_bit is
    port (analog_in : in real range -15.0 to +15.0;
          digital_out : out std_logic_vector(7 downto 0)
         );
  end component;

  signal clock, reset, enable: std_logic;
  signal wave_out: sine_vector_type;

  signal adc_in : real range -15.0 to +15.0;
  signal adc_out : std_logic_vector(7 downto 0);

  constant clock_period: time := 10 ns;
  signal stop_the_clock: boolean;

begin

  sw: sine_wave
    port map (clock => clock,
              reset => reset,
              enable => enable,
              wave_out => wave_out);
  adc : ADC_8_bit
    port map (analog_in => adc_in,
              digital_out => adc_out);

  adc_in <= ((real(to_integer(signed(wave_out))))/16.0)-1.0;
```

```vhdl
  stimulus: process
  begin

    enable <= '0';
    reset <= '1';
    wait for 5 ns;
    reset <= '0';

    wait for 5115 ns;
    enable <= '1';

    wait for 1 ms;

    stop_the_clock <= true;
    wait;
  end process;

  clocking: process
  begin
    while not stop_the_clock loop
      clock <= '1','0' after clock_period / 2;
      wait for clock_period;
    end loop;
    wait;
  end process;

end;

library ieee;
use ieee.std_logic_1164.all;

package sine_package is

  constant max_table_value: integer := 127;
  subtype table_value_type is integer range 0 to max_table_value;

  constant max_table_index: integer := 255;
  subtype table_index_type is integer range 0 to max_table_index;

  subtype sine_vector_type is std_logic_vector(7 downto 0);

  function get_table_value (table_index: table_index_type) return
```

```
    table_value_type;

end;

package body sine_package is

  function get_table_value (table_index: table_index_type) return
table_value_type is
    variable table_value: table_value_type;
  begin
    case table_index is
      when 0 =>
        table_value := 0;
      when 1 =>
        table_value := 1;
      when 2 =>
        table_value := 2;
      when 3 =>
        table_value := 3;
      when 4 =>
        table_value := 4;
      when 5 =>
        table_value := 4;
      when 6 =>
        table_value := 5;
      when 7 =>
        table_value := 6;
      when 8 =>
        table_value := 7;
      when 9 =>
        table_value := 7;
      when 10 =>
        table_value := 8;
      when 11 =>
        table_value := 9;
      when 12 =>
        table_value := 10;
      when 13 =>
        table_value := 11;
      when 14 =>
        table_value := 11;
      when 15 =>
        table_value := 12;
```

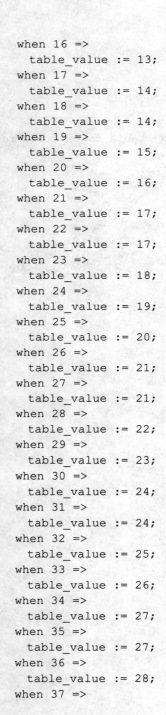

```vhdl
when 16 =>
  table_value := 13;
when 17 =>
  table_value := 14;
when 18 =>
  table_value := 14;
when 19 =>
  table_value := 15;
when 20 =>
  table_value := 16;
when 21 =>
  table_value := 17;
when 22 =>
  table_value := 17;
when 23 =>
  table_value := 18;
when 24 =>
  table_value := 19;
when 25 =>
  table_value := 20;
when 26 =>
  table_value := 21;
when 27 =>
  table_value := 21;
when 28 =>
  table_value := 22;
when 29 =>
  table_value := 23;
when 30 =>
  table_value := 24;
when 31 =>
  table_value := 24;
when 32 =>
  table_value := 25;
when 33 =>
  table_value := 26;
when 34 =>
  table_value := 27;
when 35 =>
  table_value := 27;
when 36 =>
  table_value := 28;
when 37 =>
```

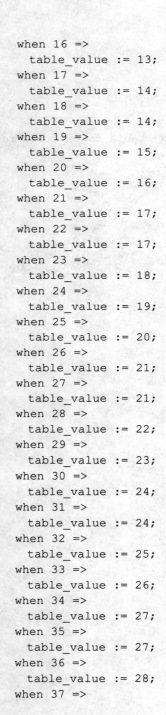

SoC 设计原理与实战——轻松设计机器人

```
      table_value := 29;
when 38 =>
   table_value := 30;
when 39 =>
   table_value := 30;
when 40 =>
   table_value := 31;
when 41 =>
   table_value := 32;
when 42 =>
   table_value := 33;
when 43 =>
   table_value := 33;
when 44 =>
   table_value := 34;
when 45 =>
   table_value := 35;
when 46 =>
   table_value := 36;
when 47 =>
   table_value := 36;
when 48 =>
   table_value := 37;
when 49 =>
   table_value := 38;
when 50 =>
   table_value := 39;
when 51 =>
   table_value := 39;
when 52 =>
   table_value := 40;
when 53 =>
   table_value := 41;
when 54 =>
   table_value := 42;
when 55 =>
   table_value := 42;
when 56 =>
   table_value := 43;
when 57 =>
   table_value := 44;
when 58 =>
   table_value := 45;
```

```
when 59 =>
  table_value := 45;
when 60 =>
  table_value := 46;
when 61 =>
  table_value := 47;
when 62 =>
  table_value := 48;
when 63 =>
  table_value := 48;
when 64 =>
  table_value := 49;
when 65 =>
  table_value := 50;
when 66 =>
  table_value := 50;
when 67 =>
  table_value := 51;
when 68 =>
  table_value := 52;
when 69 =>
  table_value := 53;
when 70 =>
  table_value := 53;
when 71 =>
  table_value := 54;
when 72 =>
  table_value := 55;
when 73 =>
  table_value := 55;
when 74 =>
  table_value := 56;
when 75 =>
  table_value := 57;
when 76 =>
  table_value := 57;
when 77 =>
  table_value := 58;
when 78 =>
  table_value := 59;
when 79 =>
  table_value := 60;
when 80 =>
```

```
      table_value := 60;
when 81 =>
      table_value := 61;
when 82 =>
      table_value := 62;
when 83 =>
      table_value := 62;
when 84 =>
      table_value := 63;
when 85 =>
      table_value := 64;
when 86 =>
      table_value := 64;
when 87 =>
      table_value := 65;
when 88 =>
      table_value := 66;
when 89 =>
      table_value := 66;
when 90 =>
      table_value := 67;
when 91 =>
      table_value := 68;
when 92 =>
      table_value := 68;
when 93 =>
      table_value := 69;
when 94 =>
      table_value := 70;
when 95 =>
      table_value := 70;
when 96 =>
      table_value := 71;
when 97 =>
      table_value := 72;
when 98 =>
      table_value := 72;
when 99 =>
      table_value := 73;
when 100 =>
      table_value := 73;
when 101 =>
      table_value := 74;
```

```
when 102 =>
  table_value := 75;
when 103 =>
  table_value := 75;
when 104 =>
  table_value := 76;
when 105 =>
  table_value := 77;
when 106 =>
  table_value := 77;
when 107 =>
  table_value := 78;
when 108 =>
  table_value := 78;
when 109 =>
  table_value := 79;
when 110 =>
  table_value := 80;
when 111 =>
  table_value := 80;
when 112 =>
  table_value := 81;
when 113 =>
  table_value := 81;
when 114 =>
  table_value := 82;
when 115 =>
  table_value := 83;
when 116 =>
  table_value := 83;
when 117 =>
  table_value := 84;
when 118 =>
  table_value := 84;
when 119 =>
  table_value := 85;
when 120 =>
  table_value := 86;
when 121 =>
  table_value := 86;
when 122 =>
  table_value := 87;
when 123 =>
```

```
      table_value := 87;
when 124 =>
    table_value := 88;
when 125 =>
    table_value := 88;
when 126 =>
    table_value := 89;
when 127 =>
    table_value := 90;
when 128 =>
    table_value := 90;
when 129 =>
    table_value := 91;
when 130 =>
    table_value := 91;
when 131 =>
    table_value := 92;
when 132 =>
    table_value := 92;
when 133 =>
    table_value := 93;
when 134 =>
    table_value := 93;
when 135 =>
    table_value := 94;
when 136 =>
    table_value := 94;
when 137 =>
    table_value := 95;
when 138 =>
    table_value := 95;
when 139 =>
    table_value := 96;
when 140 =>
    table_value := 96;
when 141 =>
    table_value := 97;
when 142 =>
    table_value := 97;
when 143 =>
    table_value := 98;
when 144 =>
    table_value := 98;
```

```
when 145 =>
  table_value := 99;
when 146 =>
  table_value := 99;
when 147 =>
  table_value := 100;
when 148 =>
  table_value := 100;
when 149 =>
  table_value := 101;
when 150 =>
  table_value := 101;
when 151 =>
  table_value := 102;
when 152 =>
  table_value := 102;
when 153 =>
  table_value := 103;
when 154 =>
  table_value := 103;
when 155 =>
  table_value := 104;
when 156 =>
  table_value := 104;
when 157 =>
  table_value := 105;
when 158 =>
  table_value := 105;
when 159 =>
  table_value := 105;
when 160 =>
  table_value := 106;
when 161 =>
  table_value := 106;
when 162 =>
  table_value := 107;
when 163 =>
  table_value := 107;
when 164 =>
  table_value := 108;
when 165 =>
  table_value := 108;
when 166 =>
```

```
    table_value := 108;
when 167 =>
  table_value := 109;
when 168 =>
  table_value := 109;
when 169 =>
  table_value := 110;
when 170 =>
  table_value := 110;
when 171 =>
  table_value := 110;
when 172 =>
  table_value := 111;
when 173 =>
  table_value := 111;
when 174 =>
  table_value := 111;
when 175 =>
  table_value := 112;
when 176 =>
  table_value := 112;
when 177 =>
  table_value := 113;
when 178 =>
  table_value := 113;
when 179 =>
  table_value := 113;
when 180 =>
  table_value := 114;
when 181 =>
  table_value := 114;
when 182 =>
  table_value := 114;
when 183 =>
  table_value := 115;
when 184 =>
  table_value := 115;
when 185 =>
  table_value := 115;
when 186 =>
  table_value := 116;
when 187 =>
  table_value := 116;
```

```
when 188 =>
  table_value := 116;
when 189 =>
  table_value := 117;
when 190 =>
  table_value := 117;
when 191 =>
  table_value := 117;
when 192 =>
  table_value := 117;
when 193 =>
  table_value := 118;
when 194 =>
  table_value := 118;
when 195 =>
  table_value := 118;
when 196 =>
  table_value := 119;
when 197 =>
  table_value := 119;
when 198 =>
  table_value := 119;
when 199 =>
  table_value := 119;
when 200 =>
  table_value := 120;
when 201 =>
  table_value := 120;
when 202 =>
  table_value := 120;
when 203 =>
  table_value := 120;
when 204 =>
  table_value := 121;
when 205 =>
  table_value := 121;
when 206 =>
  table_value := 121;
when 207 =>
  table_value := 121;
when 208 =>
  table_value := 122;
when 209 =>
```

```
    table_value := 122;
when 210 =>
    table_value := 122;
when 211 =>
    table_value := 122;
when 212 =>
    table_value := 123;
when 213 =>
    table_value := 123;
when 214 =>
    table_value := 123;
when 215 =>
    table_value := 123;
when 216 =>
    table_value := 123;
when 217 =>
    table_value := 123;
when 218 =>
    table_value := 124;
when 219 =>
    table_value := 124;
when 220 =>
    table_value := 124;
when 221 =>
    table_value := 124;
when 222 =>
    table_value := 124;
when 223 =>
    table_value := 124;
when 224 =>
    table_value := 125;
when 225 =>
    table_value := 125;
when 226 =>
    table_value := 125;
when 227 =>
    table_value := 125;
when 228 =>
    table_value := 125;
when 229 =>
    table_value := 125;
when 230 =>
    table_value := 125;
```

附录A

```
when 231 =>
  table_value := 126;
when 232 =>
  table_value := 126;
when 233 =>
  table_value := 126;
when 234 =>
  table_value := 126;
when 235 =>
  table_value := 126;
when 236 =>
  table_value := 126;
when 237 =>
  table_value := 126;
when 238 =>
  table_value := 126;
when 239 =>
  table_value := 126;
when 240 =>
  table_value := 126;
when 241 =>
  table_value := 126;
when 242 =>
  table_value := 127;
when 243 =>
  table_value := 127;
when 244 =>
  table_value := 127;
when 245 =>
  table_value := 127;
when 246 =>
  table_value := 127;
when 247 =>
  table_value := 127;
when 248 =>
  table_value := 127;
when 249 =>
  table_value := 127;
when 250 =>
  table_value := 127;
when 251 =>
  table_value := 127;
when 252 =>
```

```
        table_value := 127;
      when 253 =>
        table_value := 127;
      when 254 =>
        table_value := 127;
      when 255 =>
        table_value := 127;
    end case;
    return table_value;
  end;

end;


-- Synthesisable design for a sine wave generator
-- Copyright Doulos Ltd
-- SD,07 Aug 2003

library ieee;
use ieee.std_logic_1164.all;
use ieee.numeric_std.all;
use work.sine_package.all;

entity sine_wave is
  port(clock, reset, enable: in std_logic;
       wave_out: out sine_vector_type);
end;

architecture arch1 of sine_wave is
  type state_type is (counting_up,change_down,counting_down,change_up);
  signal state, next_state: state_type;
  signal table_index: table_index_type;
  signal positive_cycle: boolean;
begin

  process(clock,reset)
  begin
    if reset = '1' then
      state <= counting_up;
    elsif rising_edge(clock) then
      if enable = '1' then
        state <= next_state;
      end if;
    end if;
```

```
  end process;

  process (state,table_index)
  begin
    next_state <= state;
    case state is
      when counting_up =>
        if table_index = max_table_index then
          next_state <= change_down;
        end if;
      when change_down =>
        next_state <= counting_down;
      when counting_down =>
        if table_index = 0 then
          next_state <= change_up;
        end if;
      when others => -- change_up
        next_state <= counting_up;
    end case;
  end process;

  process(clock,reset)
  begin
    if reset = '1' then
      table_index <= 0;
      positive_cycle <= true;
    elsif rising_edge(clock) then
      if enable = '1' then
        case next_state is
          when counting_up =>
            table_index <= table_index + 1;
          when counting_down =>
            table_index <= table_index - 1;
          when change_up =>
            positive_cycle <= not positive_cycle;
          when others =>
            -- nothing to do
        end case;
      end if;
    end if;
  end process;

  process(table_index,positive_cycle)
```

```
    variable table_value: table_value_type;
  begin
    table_value := get_table_value(table_index);
    if positive_cycle then
      wave_out <= std_logic_vector(to_signed(table_value,sine_vector_
type'length));
    else
      wave_out <= std_logic_vector(to_signed(-table_value,sine_vector_
type'length));
    end if;
  end process;

end;
```

A.3 AI 训练设计完整代码

```
{
 "cells": [
  {
   "cell_type": "code",
   "execution_count": 1,
   "metadata": {
    "collapsed": true
   },
   "outputs": [],
   "source": [
    "from cats_model import Cats_Model\n",
    "from data_utils import load_data,get_minibatches\n",
    "import os\n",
    "import TensorFlow as tf\n",
    "import numpy as np\n",
    "import matplotlib\n",
    "import matplotlib.pyplot as plt\n",
    "%matplotlib inline  \n",
    "%load_ext autoreload\n",
    "%autoreload 2"
   ]
  },
  {
   "cell_type": "code",
   "execution_count": 2,
```

```json
    "metadata": {
     "collapsed": true
    },
    "outputs": [],
    "source": [
     "X_tr,Y_tr,X_val,Y_val,X_te,Y_te = load_data('datasets')"
    ]
   },
   {
    "cell_type": "code",
    "execution_count": 3,
    "metadata": {},
    "outputs": [
     {
      "name": "stdout",
      "output_type": "stream",
      "text": [
       "cat: 0.99\n"
      ]
     }
    ],
    "source": [
     "def caption(idx, prob):\n",
     "    if idx==1:\n",
     "        return \"cat: \" + str(prob)\n",
     "    return \"dog: \" + str(prob)\n",
     "\n",
     "print(caption(1,0.99))"
    ]
   },
   {
    "cell_type": "markdown",
    "metadata": {},
    "source": [
     "# Load VGG16 model\n",
     "\n",
     "Running VGG16 model with another FC layer (1000,2). Only this layer's parameters are trainable.\n",
     "\n",
     "Pre-trained weights can be found [here](https://www.cs.toronto.edu/~frossard/post/vgg16/)"
    ]
   },
```

```
{
 "cell_type": "code",
 "execution_count": 4,
 "metadata": {},
 "outputs": [
  {
   "name": "stdout",
   "output_type": "stream",
   "text": [
    "0 conv1_1_W (32,) conv1_1//weights:0\n",
    "1 conv1_1_b (32,) conv1_1//biases:0\n",
    "2 conv1_2_W (32,) conv1_2//weights:0\n",
    "3 conv1_2_b (32,) conv1_2//biases:0\n",
    "4 conv2_1_W (32,) conv2_1//weights:0\n",
    "5 conv2_1_b (32,) conv2_1//biases:0\n",
    "6 conv2_2_W (32,) conv2_2//weights:0\n",
    "7 conv2_2_b (32,) conv2_2//biases:0\n",
    "8 conv3_1_W (32,) conv3_1//weights:0\n",
    "9 conv3_1_b (32,) conv3_1//biases:0\n",
    "10 conv3_2_W (32,) conv3_2//weights:0\n",
    "11 conv3_2_b (32,) conv3_2//biases:0\n",
    "12 conv3_3_W (32,) conv3_3//weights:0\n",
    "13 conv3_3_b (32,) conv3_3//biases:0\n",
    "14 conv4_1_W (32,) conv4_1//weights:0\n",
    "15 conv4_1_b (32,) conv4_1//biases:0\n",
    "16 conv4_2_W (32,) conv4_2//weights:0\n",
    "17 conv4_2_b (32,) conv4_2//biases:0\n",
    "18 conv4_3_W (32,) conv4_3//weights:0\n",
    "19 conv4_3_b (32,) conv4_3//biases:0\n",
    "20 conv5_1_W (32,) conv5_1//weights:0\n",
    "21 conv5_1_b (32,) conv5_1//biases:0\n",
    "22 conv5_2_W (32,) conv5_2//weights:0\n",
    "23 conv5_2_b (32,) conv5_2//biases:0\n",
    "24 conv5_3_W (32,) conv5_3//weights:0\n",
    "25 conv5_3_b (32,) conv5_3//biases:0\n",
    "26 fc6_W (32,) fc6//weights:0\n",
    "27 fc6_b (32,) fc6//biases:0\n",
    "28 fc7_W (32,) fc7//weights:0\n",
    "29 fc7_b (32,) fc7//biases:0\n",
    "30 fc8_W (32,) fc8//weights:0\n",
    "31 fc8_b (32,) fc8//biases:0\n"
   ]
  }
```

```
    ],
    "source": [
     "tf.reset_default_graph()\n",
     "model = Cats_Model()\n",
     "sess = tf.Session()\n",
     "sess.run(tf.global_variables_initializer())\n",
     "model.load_weights(os.path.join(\"vgg16\",\"vgg16_weights.npz\"),
sess)"
    ]
   },
   {
    "cell_type": "markdown",
    "metadata": {},
    "source": [
     "### Predict w/o finetune"
    ]
   },
   {
    "cell_type": "code",
    "execution_count": 5,
    "metadata": {},
    "outputs": [
     {
      "name": "stdout",
      "output_type": "stream",
      "text": [
       "391/391 [==============================] - 497s   \n"
      ]
     }
    ],
    "source": [
     "preds,probs = model.predict(sess,(X_te,Y_te),32)"
    ]
   },
   {
    "cell_type": "code",
    "execution_count": 11,
    "metadata": {
     "collapsed": true
    },
    "outputs": [],
    "source": [
     "indicies = np.arange(Y_te.shape[0])\n",
```

```
   "np.random.shuffle(indicies)"
  ]
 },
 {
 "cell_type": "code",
 "execution_count": 12,
 "metadata": {},
 "outputs": [
  {
   "data": {
    "image/png": "iVBORw...",
    "text/plain": [
     "<matplotlib.figure.Figure at 0x1e96958c390>"
    ]
   },
   "metadata": {},
   "output_type": "display_data"
  },
  {
   "data": {
    "image/png": "iVBORw...",
    "text/plain": [
     "<matplotlib.figure.Figure at 0x1e96968dd68>"
    ]
   },
   "metadata": {},
   "output_type": "display_data"
  },
  {
   "data": {
    "image/png": "iVBORw...",
    "text/plain": [
     "<matplotlib.figure.Figure at 0x1e969768cf8>"
    ]
   },
   "metadata": {},
   "output_type": "display_data"
  },
  {
   "data": {
    "image/png": "iVBORw...",
    "text/plain": [
     "<matplotlib.figure.Figure at 0x1e9696c6940>"
```

附录 A

```
        ]
      },
      "metadata": {},
      "output_type": "display_data"
    },
    {
      "data": {
        "image/png": "iVBORw...",
        "text/plain": [
         "<matplotlib.figure.Figure at 0x1e9695337b8>"
        ]
      },
      "metadata": {},
      "output_type": "display_data"
    }
   ],
   "source": [
    "for i in indicies[:5]:\n",
    "    img = plt.imread(Y_te[i])\n",
    "    plt.imshow(img)\n",
    "    plt.title(caption(preds[i],probs[I,preds[i]]))\n",
    "    plt.show()"
   ]
  },
  {
   "cell_type": "markdown",
   "metadata": {},
   "source": [
    "# Finetune the model"
   ]
  },
  {
   "cell_type": "code",
   "execution_count": 8,
   "metadata": {},
   "outputs": [
    {
     "name": "stdout",
     "output_type": "stream",
     "text": [
      "\n",
      "Epoch 1 out of 1\n",
      "1250/1250 [==============================] - 868s - train_loss:
```

```
0.1064 - train_acc: 0.9595   \n",
    "313/313 [==============================] - 216s - val_loss:
0.0507 - val_acc: 0.9818   \n",
    "Validation loss = 0.00317 and accuracy = 0.982\n"
  ]
 }
],
"source": [
 "model.fit(\n",
 "    sess, \n",
 "    1,\n",
 "    16,\n",
 "    (X_tr,Y_tr),\n",
 "    (X_val,Y_val),\n",
 "    1.0\n",
 ")"
]
},
{
"cell_type": "markdown",
"metadata": {},
"source": [
 "### Predict after finetune"
]
},
{
"cell_type": "code",
"execution_count": 9,
"metadata": {},
"outputs": [
  {
   "name": "stdout",
   "output_type": "stream",
   "text": [
    "391/391 [==============================] - 477s   \n"
   ]
  }
],
"source": [
 "after_train_preds,after_train_probs = model.predict(sess,(X_te,
Y_te),32)"
]
},
```

```
{
 "cell_type": "code",
 "execution_count": 13,
 "metadata": {},
 "outputs": [
  {
   "data": {
    "image/png": "iVBORw...",
    "text/plain": [
     "<matplotlib.figure.Figure at 0x1e96a3002b0>"
    ]
   },
   "metadata": {},
   "output_type": "display_data"
  },
  {
   "data": {
    "image/png": "iVBORw...",
    "text/plain": [
     "<matplotlib.figure.Figure at 0x1e96979d0b8>"
    ]
   },
   "metadata": {},
   "output_type": "display_data"
  },
  {
   "data": {
    "image/png": "iVBORw...",
    "text/plain": [
     "<matplotlib.figure.Figure at 0x1e96a2e9048>"
    ]
   },
   "metadata": {},
   "output_type": "display_data"
  },
  {
   "data": {
    "image/png": "iVBORw...",
    "text/plain": [
     "<matplotlib.figure.Figure at 0x1e9753d3470>"
    ]
   },
   "metadata": {},
```

SoC 设计原理与实战——轻松设计机器人

```
    "file_extension": ".py",
    "mimetype": "text/x-Python",
    "name": "Python",
    "nbconvert_exporter": "Python",
    "pygments_lexer": "iPython3",
    "version": "3.6.1"
   }
  },
  "nbformat": 4,
  "nbformat_minor": 2
}
```

附录  B

相关设计资源

无人机开源设计资源如下。

http://bdml.stanford.edu/pmwiki/

http://www.crazepony.com/

开源芯片设计资源如下。

http://www.open-vera.com/

http://www.testbuilder.net/

http://www.opencores.org/

http://www.openh.org/

http://www.leox.org/

开源芯片工具如下。

http://www.gnu.org/software/electric/electric.html